Talking to Parents

温尼科特与为人父母者的谈话

——爸爸妈妈的贴心书

[英] 唐纳德 · 温尼科特（D. W. Winnicott） 著
赵丞智 译　　郗浩丽 审校

中国轻工业出版社

图书在版编目（CIP）数据

温尼科特与为人父母者的谈话：爸爸妈妈的贴心书 /（英）唐纳德·温尼科特（D. W. Winnicott）著；赵丞智译；郗浩丽审. —北京：中国轻工业出版社，2019.4（2025.3重印）

ISBN 978-7-5184-2152-7

Ⅰ. ①温… Ⅱ. ①唐… ②赵… ③郗… Ⅲ. ①儿童心理学 ②儿童教育－家庭教育 Ⅳ. ①B844.1 ②G782

中国版本图书馆CIP数据核字（2018）第241769号

责任编辑：戴 婕　　责任终审：杜文勇
文字编辑：王雅琦　　责任校对：刘志颖
策划编辑：阎 兰　　责任监印：吴维斌

出版发行：中国轻工业出版社（北京鲁谷东街5号，邮编：100040）
印　　刷：三河市鑫金马印装有限公司
经　　销：各地新华书店
版　　次：2025年3月第1版第5次印刷
开　　本：710×1000　1/16　印张：10
字　　数：80千字
书　　号：ISBN 978-7-5184-2152-7　定价：52.00元
读者热线：010-65181109
发行电话：010-85119832　010-85119912
网　　址：http://www.chlip.com.cn　http://www.wqedu.com
电子信箱：1012305542@qq.com

250310Y2C105ZYW

推荐序

感谢赵丞智老师邀我作序，赵老师找到我也许是因为我是国内较早系统介绍温尼科特的人之一。刚好是10年前的2008年，也是在元月，我的那本以博士论文为基础的《客体关系理论的转向——温尼科特研究》一书出版了。那时，国内对温尼科特还知之甚少。而我，循着他的理论进入了精神分析实践的学习，参加了中国–挪威精神分析连续培训项目，进行与精神分析有关的教学、科研、咨询与治疗。温尼科特就像一盏明灯，引领我进入了精神分析的殿堂，而我好奇又欣喜地一路走着，仿佛一个蹒跚学步的孩童，时而远离，时而回转，因为知道母亲就在身旁，心中颇为安稳。大部分时间温尼科特被我当成了环境母亲，而将其作为客体母亲进行研究的时刻——有，却非占据全部身心。赵老师是一位用全部身心来研究、探索、推介温尼科特的学者、精神科医师和心理治疗师。他翻译审校了多部温尼科特的著作，组建学习和研究团队，定期举办读书会和文献研讨会，开展介绍温尼科特及其思想著作的网络课程，成功引进中国–巴西国际温尼科特精神分析取向心理咨询师的系列培训项目，并组织了国际温尼科特学术研讨会。如此大量且全情投入的工作，让国人遇见了温尼科特，也让温尼科特思想在中国扎了根。

这本书收录了温尼科特在BBC（英国广播公司）电台为父母们所做的系列广播谈话中1955年之后的所有内容。在此之前的谈话内容收录于其姊妹篇《妈妈的心灵课——孩子、家庭与大千世界》（*The Child*，*The Family and The*

Outside World）*，在英国这本书父母几乎是人手一本，可见其受欢迎程度。感谢赵老师提供这样一个机会让我提前一睹本书内容，虽然翻开每章时都已在夜深时分，但我从未觉得困倦并甘之如饴。寒冬深夜的阅读可以让人感到温暖，这正是温尼科特的魅力所在。

温尼科特的话语和文字中，充满了对父母角色的悲悯、包容和理解，不知不觉间我就会成为他谈话的对象，感觉自己被涵容、被理解、被治愈。"许多男人和女人在他们结婚时和结婚之后，都还在挣扎着长大……（第二章）""我们其实很容易理想化母亲的工作。我们都知道，任何工作都会有挫折，会有令人厌烦的常规，以及每个人能够承受的极限。为什么不把照顾婴儿和小孩子的工作也看作是一样的呢？（第六章）"身为母亲，我自己在成长，经常遇到挫折，也有过挣扎，但却从未被如此明晰地看到并确认是具有治愈功能的。书中的谈话不是教导，并非要告诉父母应该做什么以及怎么做，而是给予父母理解、支持和信心，让他们相信自己正在做着正确的事情。此外，本书中讨论的诸多话题对理解我国当下家庭养育中遇到的问题多有裨益，比如二胎家庭应当如何看待和处理孩子们之间的嫉妒；如何当一个继父或继母；如何在保证安全和提供安全感之间达到平衡等。温尼科特提供的是可以使父母安心的新思想和新观念，这些真知灼见会让父母们豁然开朗，并如释重负。

心理咨询师同样可以在温尼科特温暖的语境里找到可助力成长的部分。首先，理解儿童的成熟过程始终是温尼科特思想的主线，这本书围绕婴儿过渡客体的发展、说"不"的能力的发展、正常嫉妒和异常嫉妒的发展、罪疚感和是非感的发展以及安全感和信任感的发展展开，生动地呈现了成长中的儿童及父母照护环境的状态。其次，在温尼科特的理论中，母婴关系是咨访关系的原型。因此，咨询师和治疗师可以从温尼科特如何对待父母，以及帮助父母理解孩子的态度中进行学习。比如："把当母亲的烦恼之处付诸言表有

* 本书中文简体版已由中国轻工业出版社于 2016 年出版。

什么用处呢？我认为，我们可以通过让母亲在体验痛苦的时候说出苦恼，来帮助她们，如果母亲把一些怨恨压抑住不去表达，那么这些隐藏在爱背后的怨恨就会破坏对孩子的爱……在恰当时候的一句言语表达，可以把所有怨恨聚集在一起，并把它们宣泄出去，之后才可能安下心来……事实上，我发现引导妈妈们逐渐接触她们那些痛苦的怨恨是非常有帮助的。（第六章）”

记得在早期学习精神分析的过程中，触动我最大的是对“理解”的强调，理解先于矫治，理解先于改变。这本书无处不体现着理解，理解婴儿、儿童及其成长，理解父母及其困境。温尼科特说：“我们已经在了解人们所感觉、所思考和所做的事情方面做了大量的工作，并在这一基础上进行讨论或教学，以促进更好的理解。（第一章）”现在，借着这本书，这些理解能传递给更多的父母和心理咨询师们，这也是温尼科特的心愿吧！

郁浩丽

2018 年 1 月于南京师范大学随园西山

有关阅读温尼科特

T. Berrt Brazelton, M.D.

阅读温尼科特这些大部分未公开发表的著作片段，就好像是一个人在沙漠中长时间行走之后，遇到了消暑提神的一汪清泉一样。每篇文章都会带来巨大的回报以及令人愉快的阅读体验。

温尼科特选择借助广播媒体直接和父母们谈话，这一特别的方式非常有趣。毕竟，他理想中“平凡而奉献的母亲”（ordinary devoted mother）是会自然而然地照顾儿童的。这个传播他儿童养育理念的广播节目，可以被视作是其人生观的宣扬。

但是，按照习惯，他惯于立刻解决问题。他并不试图去指导父母，而是试图去帮助他们理解自己在做什么，然后合理化他们曾经所做的事情。有这样一句话：“一个人只会预期自己做的和以前一样，或者有可能更糟”。这句话体现了温尼科特对父母的优势和长处简单而强有力地支持，他与一般的那些育儿专家或权威们不同，后者惯于告诉父母们哪些事情是不可以做的。

在整个职业生涯中，我一直是唐纳德·温尼科特的钦慕者和学生。他把规范的儿科学方法和自己在儿童精神病学和精神分析方面的洞察力结合在一起，这让我在很久以前就把他视为榜样。他那杰出的洞察力来自于对母婴养育过程的深刻理解，外加这样一种坚定的信念：绝大多数父母都拼命地

“望子成龙，望女成凤”，从而想证明他们自己做得很好。温尼科特的文章不断强调着他的理念和阐释。听到这些解释，父母们将会深深地松一口气，并感到安心，因为这些解释发自温尼科特内心的理解，带着他那令人钦佩的奇特智慧。

他澄清道，这些谈话的目的并不是想要告诉父母们去做什么，而是要（1）解“养儿育女的科学”之毒，（2）给父母们信心，让他们相信他们正在做的事情是正确的，以及（3）让父母们在养育孩子遇到意外困难时，能够自由地寻求个性化的帮助。温尼科特不断地强调，父母本身具有做对事情的天性，外加无法避免的罪疚感和矛盾心理，让他们成为天生感觉敏锐的父母。温尼科特从来就不害怕真诚的常识：“和那些失败的继父继母们会谈……可能是富有成效的做法。会谈对象终归是普通的男人和女人。”继父继母是一种无法避免的、没有回报的身份角色。

在“吸吮拇指”一文中，温尼科特对这一现象给出了我听过的最好的解释。“吸吮拇指”这一行为的出现，体现了婴儿首次使用自己的想象力。婴儿吸吮自己拇指带来的真实体验一直就被想象中的乳房或奶瓶丰富着。为什么有些人非要剥夺婴儿的这种早期自我体验呢？这可是婴儿在体验着自己创造自己那充满深情的客体的过程啊！

这些谈话就像剥洋葱一样，层层递进，通过一步步简单的谈话，直抵他所讨论的养育目标的核心。例如，父母在育儿过程中有三个说“不”的阶段，从父母需要为孩子的能力局限承担完全的责任（生命第1年），到教会孩子说“不”这个词汇，以及那些与危险有关的其他词汇，诸如词汇“烫”（第2年），然后，再把“不”这个词汇的意义带给孩子，扩展孩子做选择的经验和合并局限的能力，以及为孩子提供言语性解释（第3年）。

这里要提到另一个直击父母内心的问题：“嫉妒心是如何消失的？”在温尼科特言简意赅的解释中，我们看到了嫉妒心最终是如何被平息的：个体首先认同了自己嫉妒的对象，然后认同具有嫉妒心的守护自己的妈妈和她的感受。这是使用一个人的想象（共情）能力站在其他人视角上看问题的表现。

我最喜欢的那篇短文是“为人父母也会烦”。这一章节将帮助所有的父母面对负性感受，而往往有这些负性感受再正常不过了，甚至还是健康的。温尼科特提醒我们，那些出了问题的养育总是令人厌烦的，而当养育正常进行时，又往往是被忽略的。所以，父母们的日常生活当然都充满了令人厌烦的各种事情。“孩子们将一如既往地令人讨厌，而母亲也将一如既往地感到快乐——介于她们得到了成为牺牲者做出奉献的机会。”

这是一本美妙的小册子。温尼科特精炼出了父母的本质特征。例如，第八章的结束部分提出了一种具有挑战性、启发性的思想：如果没有罪疚感和又爱又恨的矛盾情感，母亲就不会敏感地觉察到她的孩子的需求。温尼科特的确让读者加深了对养育孩子的挑战的理解，他也让听众和读者感受到了，成为一个“足够好的妈妈”是个体所追寻的最令人满意的角色之一。温尼科特真是一个天才！

引言
INTRODUCTION

在 1939 年到 1962 年间，唐纳德・温尼科特一共为 BBC 做了约 50 次电台广播谈话节目，几乎所有的谈话都是针对父母的。这些录音被转录成了短文，而有些短文组成了温尼科特表达清晰并扣人心弦的作品。第二次世界大战即将结束之际进行的一些早期谈话的制作人是珍妮特・奎格利（Janet Quigley），这些谈话被收集在一本小册子中，书名是《逐渐认识你的宝宝》（*Getting to Know Your Baby*）。还有另一个谈话系列节目，时间是从 1949 年到 1950 年之间，由艾莎・本齐（Isa Benzie）制作并出版了一本类似的小册子，书名是《平凡而奉献的母亲和她的宝宝》（*The Ordinary Devoted Mother and Her Baby*）。这两本小册子很快就售罄并绝版了。但是，由于英国有禁止医生做广告的规则，温尼科特并没有在由广播稿编辑成的小册子上署名，随着温尼科特追随者群体的逐渐壮大，许多人都要求再版温尼科特谈话节目的内容。因此，以这两本小册子为基础，最后形成了一本书，书名是《孩子和家庭》（*The Child and the Family*），由珍妮特・哈登伯格（Janet Hardenberg）编辑，1957 年以塔维斯托克（Tavistock）的出版物发行 *；还有几个他关于战时疏散的内容的谈话，被纳入另一本姊妹小册子中，书名为《孩子和大千世界》

* 在美国本书以书名《妈妈和宝宝：最早人际关系的基础》（*Mother and Baby: A Primer in First Relationships*）出版。

（*The Child and the Outside World*）。1964 年企鹅出版集团（Penguin Books）决定以这两本书为基础出版一本精选集，书名为《妈妈的心灵课——孩子，家庭和大千世界》，这本书几乎包括了到那时为止所有出版的广播谈话节目的内容。

截至 1968 年，企鹅出版社出版的这本精选集已经卖掉了 5 万本，温尼科特在出版社庆祝会上作了一个简短的讲话。在讲话中，他提到自己是如何为了去电台谈话节目，而“驾驶着小汽车行驶在前一天晚上空袭过的、满是石块和玻璃的道路上”，前往位于朗豪酒店（Langham Place）的 BBC 录节目。他还表示，在 1949—1950 年录制系列广播节目期间，他得到了艾莎·本齐女士的很多热情帮助，在工作上给了他很大的信心。用他的话来说：“她从我所有的谈话内容当中精练出了一个短语‘平凡而奉献的妈妈’”。他继续说道：“这个短语立刻就为养育孩子这个工作定了性，而且这个短语很契合我的需要，它让我既摆脱了对母亲和养育工作的理想化，也避免了教育和鼓吹。这让我能够成功地把对孩子的照护描述为一种随时随地的自觉自发性的实践。”

有趣的是，温尼科特也提到了这一点，他说第二次世界大战后自己并没有重新开始小儿科执业（尽管他还继续出着儿童精神科门诊），所以，他并没有如以前那样，每天都能密切地接触到大量与母亲-孩子互动相关的临床材料。因此，他发现，为了完成这些谈话，通过用从“接受精神分析的病人的退行性体验”中获得的材料，来“重新点燃临床儿科的火焰”是很有必要的，“而这些病人大部分都是成年人，是他们给予了我母-婴（或父母-婴儿）关系的特写。”他还写道：“20 世纪 40 年代末，在 BBC 做这些节目的时候，我正处在一个独特的位置上，能够有机会同时从儿科学和我特有的精神分析这两种视角上看待并理解我的病人。在广播谈话中，我一般需要一直使用儿科学的专业术语。尽管大家都知道，对我来说，儿科学已经成为了我在假设儿童躯体是健康的（个体通常可以达到这一状况）基础上，研究母婴情绪性联结的方式。我所关注的主题已经从单纯‘婴儿喂养’转移到母-婴相互卷入的关系上了。”

时至今日，温尼科特的《妈妈的心灵课——孩子，家庭和大千世界》一直深受大众欢迎，每年销售成千上万本。最近这本书由美国的艾迪生–韦斯利出版社（Addison-Wesley）出版了。

目前这本书，《温尼科特与为人父母者的谈话——爸爸妈妈的贴心书》（*Talking to Parents*），收集了温尼科特在1955年之后所有广播节目中的谈话内容。本书中只有两篇文章曾经在之前出版的另一本书中发表过，一篇是“5岁，从家庭走向学校”，另一篇是“关于安全——父母的责任和界限”，发表于《家庭和个体发展》（*The Family and Individual Development*）。为了阅读的完整性，我们把这两篇文章重新收录在本书中。本书还收录了两篇不是广播谈话节目内容的文章：其中一篇是“广播节目做心理健康教育的局限性”，这被作为本书的开篇章节，文章清楚地说明了温尼科特进行广播谈话节目的重要目的；增加的另一篇是“信任的建立”，是专门为父母们所作的（这在温尼科特的实况广播中非常罕见），这篇文章至今还未发表。写作日期是他生前的最后几年，该文包含了温尼科特在专业发展中关于孩子和父母的许多关键思想。我们一直没为这些思想找到确切的受众群体。

这些文章几乎都是在1984年克莱尔·温尼科特（Clare Winnicott）去世之前的帮助下整理和编辑完成的。对每篇文章的修改一直都保持在最小限度之内：对广播谈话节目内容本身的任何修改几乎是没必要的，因为这些内容都是温尼科特在广播之前亲自以文稿的形式写下来的，与温尼科特留下的其他论文稿件放在一起。

本书有两个比较例外的章节，一个是针对继父继母的谈话，另一个是与克莱尔·雷纳（Claire Rayner）讨论关于“罪疚感”的内容。这两篇文章是由广播节目的录音转换成文字的，因此在言语行文特点上稍有不同。这也适合作为以母亲与母亲之间谈话风格为中心的系列谈话的一部分（“说‘不’的三个阶段”，“嫉妒的出现和消失”和“为人父母也会烦”）。当时一些母亲被邀请到 BBC 现场，她们之间的谈话会被录音，然后温尼科特再针对母亲间的谈话给出他的评论。正是温尼科特这种带有现场评论特点的内容，成为了整个系列谈话中至关重要的部分。

克里斯托弗·博拉斯（Christopher Bollas）
马德琳·戴维斯（Madeleine Davis）
雷·谢波德（Ray Shepherd）
1992 年于伦敦

目录
CONTENTS

第一章 广播节目做心理健康教育的局限性

本文应编辑邀请而写。对我来说，通过广播节目进行健康教育非常有趣，因为我会时不时地通过广播节目与父母进行谈话。但是，需要明确的是，事实上我并不特别赞成开展大规模的健康教育。当受众群体非常大时，会包含各式各样的人，部分人可能并不是为了学习，而是偶然碰上了，或者只是为了消遣时光，甚至是其他原因。也许这些听众们正在刮着胡子，或者做着蛋糕，于是他们也没有空闲去换个台。在这种情况下，对我能不能够在广播节目里面解释清楚一些重要的事情，他们无疑是持有怀疑态度的。

这与校园广播的情况类似。在学校里，孩子们无所事事地围坐在一起，注意力很容易被轻松温和的方式吸引。但我们确实期望，这段时间内，他们会从广播中得到一些寓教于乐的知识及指导。谈论健康的广播其实并不会吸引某一个特定听众。

我所指的健康教育是心理健康教育，而不是与身体、以及身体疾病预防和治疗有关的教育。然而，我要说的大部分内容，都适用于任何与健康有关的话题。因为在我看来，健康教育全部都是心理教育。但想要收听关于风湿病或血液病的内容的那些人并不这样认为，他们对科学理论方面的介绍更感兴趣，或渴望知道真相。之所以有这样的想法，是因为他们对身体疾病有着病态的兴趣。在我看来，对那些做健康教育的人来说，无论借助什么样的媒体，这都是个普适规则——绝大多数听众对广播中讲授的东西根本不感兴趣，仅仅只是在等着广播重新播放音乐。也许你会觉得我在说听众的坏话，但我至少表达了对身体健康谈话节目的一种质疑，我每次都能感受到那些医生在有关 RH 因子（Rhesus factor，恒河猴因子）、或类风湿性关节炎、或癌症的鼓舞人心的谈话中，对健康的乐观并令人安心的态度，但情况真的有那么乐观、那么令人安慰吗？

我确实愿意就健康教育这类广播节目提出建设性的建议。我认为任何形式的宣传、或者告诉人们要做什么的企图，都是应该遭到谴责的。向他人灌输知识和思想是一种侮辱，即便这是怀着为了他们好的目的。除非人们拥有即刻回应的机会，来表达不同的意见、做出自己的贡献。

是否存在着一种我们可以容许的选择？比如试图借助人们所做的普通的、平常的事情，来帮助人们理解为什么他们会那样做。这一建议的依据是，人们做大多数事情时的思想理念应该是明智的、切合实际需求的。当我们不断地反复倾听妈妈们讲她们在家庭中是如何管教孩子时，我们会惊讶地发现，到最后我们并不能告诉父母要做什么。我们会发现若是自己在他们的位置上，我们可能会做出同样的事情，或者还可能做得更糟。

人们真正想要的是对当下面临问题的理解，以及对他们凭直觉所做的事情更清楚的认识。当他们凭借直觉行事，特别是在无法仔细思考的关键时刻，他们会有不安全感。很有可能那时父母会给他们的孩子一巴掌，或一个亲吻，或一个拥抱，或者他们会笑起来。某些事情恰好就发生了，而发生了的就是正确的，没有比这更好的了。没有人可以告诉父母在当时情况下要做什么，因为我们并不能提前预知当时的情况。然而当事情发生之后，父母会发现他们开始谈论并寻思自己的所作所为，但他们对事情本身并没有什么概念，对自己的问题也很困惑。在这种时候，他们往往会感到罪疚，于是他们就会围在自诩权威的人周围，听从他们的指令行事。

自从有了文明，教育能够让人们又快又好地理解自己的所作所为。如果我们真正能够向人们展示他们正在做什么，他们的害怕情绪会减少，也会感到更加安全。因此如果他们确实有所怀疑，或者知道了自己不清楚的地方，他们会去寻求信息，而不是建议。他们寻求信息，是因为他们大概有了点头绪，知道该去哪里找了。他们开始注意到，对自己心中的那些事情、对自己感受到的和付诸行动的东西，是有可能采取一种客观的态度和方式的，那么他们就不会再那么怀疑科学了。

我认为，我们已经在了解人们所感觉、所思考和所做的事情方面做了大量的工作，并在这一基础上进行讨论或教学，以促进更好的理解（第一章）。通过这样的方式，在不打击听众自信心的情况下，我们就可以把知识信息传递给他们。以这种方式开展教学工作的难点在于，教学者要充分地理解知识，而且要知道受众在什么时候是缺乏知识的。

有时候，面向父母们的广播谈话节目意味着会宣扬："你理应爱你的孩子，如果你不爱你的孩子，他将会遭受痛苦，变成一个行为不良的人。""你必须要用母乳养育婴儿，你一定要享受哺乳这件事情，这必须是你生活中最重要的事情。""孩子一旦出生，你就得爱他，不爱自己的孩子是违反伦常的"等等。所有的这些说起来都非常容易，但事实上，一旦说出来，就会产生可悲的效应。

以下做法是有帮助的：告诉母亲们，有时候她们并不总是一开始就会爱自己的孩子；解释为什么她们会经常发现自己做不到用乳房哺乳宝宝；解释为什么爱是一种很复杂的事情，而不仅仅只是一种本能。

我想补充一点，无线电广播节目的形式是不可能处理那些异常问题的——无论是母亲的问题，还是孩子的问题——也无法处理那些涉及父母关系的异常问题。广播也无法识别那些因患有心理疾病而面临许多困难的人。当患有心理疾病的人们寻求帮助的时候，我们一定要抓住这个机会，尽所能的缓解他们的痛苦。但是，如果我们让他们意识到自己出了问题，但又不能提供治疗，那么我们就轻易地把他们置于痛苦之地了。

我在广播中提出的几乎每一点建议都会让某些人感到难受。最近我谈到有关告诉那些被收养的孩子们收养真相。我知道自己可能会引发一些人的痛苦，而我确实让许多人感到心烦和不安。有一个听我广播的母亲从很远的地方来找我，并明确地告诉我：在这种情况下告诉孩子他是被收养的，将是非常危险的。我非常同意她的说法，但是我知道在原则上怎样做才是正确的：要告诉被收养的孩子们，他们不是亲生的，而是被收养的。而且要尽可能早地告诉孩子这一真相。

如果母亲们被告知（要求）要这样做或那样做，那么她们很快就会陷入一种混乱的处境，而且（最重要的是）她们将会与自己所拥有的一种能力失去联系，即在不用精确地知道什么是正确和什么是错误的情况下就采取行动的能力。在这种情况下，母亲们很容易就会感到无能为力或不能胜任。如果她们一定要听广播或在育儿书中找查找每一件所要做的事情，那么即使做对了，时间往往也太迟了，因为正确的事情必定是要在恰当的时机去做的。按照我们所说的，只有凭借直觉或本能，才有可能在恰当的正确时机行动。人们往往在事后才开始思考问题，当母亲们要思考这些问题时，我们的健康宣传和教育工作就可以帮到她们。我们可以与母亲们讨论她们所面临的问题、要做的事情，以及她们期望自己行动会产生的影响。如此一来就没有必要直接告诉母亲们该要去做什么了。

最后，广播是正规地教授儿童心理学的一种方式吗？我一直疑惑我们是否准备好了讲授这类课程。有一个事实是，对一群学生（例如：社会工作者们，研究生导师们，或者医生们）的教学是不能轻率地开始的，一定要在正规的设置中进行。也许在一段时期之内，这些学生会主要由老师指导，但他们终将会被给予机会，针对教学内容和阅读材料进行自由讨论，他们也会有机会表达不同的意见和见解。即便是在这种有利的环境中，还是会有一定比例的学生会遇到一些困难，这些困难一方面是由新的观点和方法所引起，一方面是因为在面临新的情况时，那些既往的困难记忆和被压抑的幻想被激活了。他们势必需要去处理新的兴奋，重新调整自己的人生哲学。心理学方面的指导和物理学或生物学方面的指导是不一样的。

毋庸置疑，若小心谨慎地控制情境，我们是可以对父母进行教学和指导的。但是，通过无线电广播来教学和指导就是另一回事情了。如果真要通过广播这种新形式来做心理学指导，那么一定得有一种极其严格的规范，并补充正常人群中发生的美好事情。无论如何，按照这样的思路，我们可以做很多事情。而且，在考虑到广播节目一些固有困难的情况下，BBC 以健康教育节目这种形式提供社会服务，这保持了他们的一贯宗旨，让我们看到了未来的希望。

写于 1957 年

第二章

继父母面临的挑战

恶毒的后爸后妈

有些建议会说，像恶毒的后爸后妈这种事根本就不会出现在现实生活中，只会出现在童话故事里。我自己确信这一说法是错误的，就此事而言，更加真实的是：每一个成人或孩子内心中那些固有的问题都还未得到处理，否则童话故事或者惊险连环画是不会有如此普遍的吸引力的。童话故事中所描述的后爸后妈，是对一些真实存在的、令人恐惧的、无法接受的事情的理解性捕捉。事实如此，后爸后妈一共有三种特征：真实存在的、令人恐惧的、无法接受的。人性中任何一点点不能被接受的事情，都会被提炼成可以被大家接受的神话故事。问题是，人性中的哪些东西被提炼成了有关后妈的神话故事呢？无论是什么，一定都会与憎恨和恐惧有关，当然，也与爱有关。

每一个个体，在聚合人性中的攻击性，再把攻击性与爱相融合在一起的过程中，都会遇到巨大的困难。在某种程度上，这种困难能通过在婴儿极早期发生过的此类事情解决。婴儿一出生，就会感受到一个极端的世界，这个世界是友好又敌对的，好又坏的，黑又白的。坏的世界是令人恐惧的和憎恨的，而好的世界是被他完全接受的。婴儿和儿童在这种状态下逐渐成长，达到一种发展阶段，在这个阶段中他们能够容忍伴随着爱的冲动所出现的摧毁性想法。然后，他们会感受到罪疚感，同时也发现自己开始能够做一些好的事情来回馈妈妈的付出。如果妈妈有能力等待一段时间，那么她很快就能迎来出自婴儿的真诚的和自发性的爱的姿态。婴儿在发展的极早期阶段，会凭借极端好和极端坏的想法进行自我安慰。成熟的成年人都不能完全丢弃掉这种方式。在对待儿童和更小一点的幼儿时，我们很容易容许这种婴儿期的遗留物在某种程度上持续存在，而且我们知道，当阅读或讲述这种展现了极端好和极端坏的故事时，我们能够发现自己对这些故事的本能反应。

通常情况下，儿童就是用这种两极化的思维，在想象中把亲生母亲和继母结合在一起的。我想说的第二件事更是如此：有各种各样的原因让儿童恨他们的母亲。对任何人而言，直面憎恨母亲的这一想法都是非常困难的。有些人完全无法接受并厌恶“恨”和“妈妈”这两个词汇在一句话中同时出现。然而，这种厌恶并不有助于解决问题。如果母亲们的养育工作做得对，她们就是这个辛劳的、苛求的现实世界的代表。而恰恰是她们在逐渐地把现实世界介绍给婴儿和儿童。这一现实世界往往是人性冲动和欲望的敌人。因为孩子对母亲的愤怒，即使他崇拜并不容置疑的爱母亲，仇恨依然存在。如果有着两个母亲，亲生母亲去世了，然后又来了一位后妈，那对于一个孩子来说，把其中一个看成是完美的他喜欢的，而另一个是恶劣的他讨厌的，从而缓解自己的紧张、不安和害怕，是多么自然和轻而易举啊！在这种情况中，孩子的信念和他对世界的期待几乎是一样的。

在这一切基础上，孩子们终究会理解、或感受到，在其生命最早的发展阶段，正是妈妈的奉献提供了最基本的条件，让他们得以发展，并开始作为一个人而存在，拥有人的权利、性格冲动和个性化的生活技能。换句话说，在生命的一开始，婴儿处于绝对依赖的状态，随着孩子逐渐认识到这种依赖，自然会发展出对原初母亲的恐惧。因为对于那个时期的婴儿来说，无论是良善的还是邪恶的，母亲都拥有着巨大的魔力。对于我们每一个人来说，要理解到这种全能的原初能动性（agency）就是我们自己的母亲、这个人就是我们爱着的那个人、她绝不是完美的或完全靠得住的人，是一件多么困难的事情啊！这一切是多么的危险和不确定啊！更有甚者，如果你是一个女孩，那么你的母亲一开始是全知全能的，令人恼火地代表着严酷的现实，又始终是可爱的，事实上她还是站在女儿与父亲之间的。在这里特别要提出的一点是，亲妈和后妈考虑问题的出发点是不一样的。就“女儿将会赢得父亲的爱”这个现象来说，对于亲妈那是一种希望，而对于后妈就是一种恐惧。我们不能指望孩子们会突然从一个充满分裂倾向的世界中成长起来，尤其是孩子们的母亲被分裂成为好的和坏的两个人。并且，这些童年期的想法，在孩子们成年后还会保持某种程度的持续性。这一切难道还不足以说明问题吗？

我们可以使用逻辑来论证，我们可以一遍又一遍地告诉自己，重要的不是这个人是黑是白，而是作为人类而言，这个人是否是充满爱的、是可爱的。但是，我们除了做梦外别无选择，而谁又愿意失去幻想呢？在幻想中，我们压根就不需要长大成人。这就像在赶车上班的途中、或当正在购物时，我们会想要一直处于这个状态，不想结束。在幻想中，婴儿、幼儿和青少年，全部都想依赖成熟的成年人，他们只想躺下，什么都不干。

但是，当我们碰巧分裂成神话世界中一个的邪恶角色时，我们会注意到幻想带来的麻烦。当我谈及我感受到：在被充分体验的儿童-母亲关系中，孩子对母亲的恨和恐惧，是与爱混合在一起的。我自己也可能成为了一个邪恶的角色。你有可能会认为我在胡说。

失败的故事的价值

对于任何与人类事务有关问题的研究，我们可以浅尝辄止，也可以深入下去。浅尝辄止可以避免许多不愉快的事情，但是同时也就丢失了更深入的价值。在近期广播节目播出之后，我们收到了一些听众的信件，其内容确实超越了浅显的理解。例如，一封来信中写道，当对待一个失去父母的孩子时，不能装作好像这件事情并没有发生过。继母或继父最好容许孩子继续用原来的名字，这样孩子们可以保留着已逝父母为他们取的名字，前父母的思想理念可以继续影响着孩子。而正是这种恰当的态度，会给这个失去父母的孩子极大的帮助。另一封来信还指出，由继母接手的孩子，可能会出现心理紊乱。在一个特殊案例中，有个男孩从未得到过爱，在去继母家前，有一段时间他与奶奶生活在一起。这使得他遭受了两次剥夺，从而很容易对人际关系和信赖性感到绝望。如果一个孩子在这种情况下感到了绝望，那么他就不可能冒险去与其他人建立新的联系，他会保护自己不去触碰那些深刻的情绪感受和新的依赖情感。

你是否知道，其实相当多的母亲在生孩子时并不爱自己的宝宝吗？在分娩时，她们感觉非常糟糕，就像后妈的感受一样。她们设法装出爱孩子的样子，但她们当时确实爱不起来。如果我们提前告知她们，她们终究会爱自己的孩子，只是不会马上就开始，这会让她们感到更加轻松。通常情况下，母亲在怀孕期间很快就会开始爱她的宝宝，但是这得是一种体验，而不是为了遵循世俗期望进行地假装。有时候，父亲也会遇到同样的问题。也许父亲的这些问题会更容易被人们接受，而父亲很少需要假装去爱孩子，他们的爱可以自然地出现，依从自己的规律。除了不爱孩子之外，也很少听到母亲表示恨她们的孩子。我指的是那些普通而平凡的女性，事实上她们做得非常好，并且她们设法确保有人帮她们的忙，并做得很好。我知道有很多生活在恐惧之中的母亲，她们唯恐伤害到了自己的宝宝，而且从来不谈及遇到的困难，因为在她们看来，这些困难不太可能得到他人的理解。养育孩子的过程中存在非常多人性中深层的、掩藏着的、私人的东西。所以我宁愿拥有一位有着人类会有的全部内心冲突的母亲，也不愿意被一位认为所有事情都是简单的、容易的，知道所有问题的答案并从不质疑的母亲养育和照顾。

绝大多数那些声称自己处处成功的人，可能在某些方面有过不成功的记录。而且若时机、环境恰当，这种不成功是蕴含着巨大的价值的。当然与一般情况下人们在失败面前的坐立不安和唉声叹气不同，经受了很多痛苦的继母所遇到的失败是没法爱她的继子。无论何时，一个妻子或一个丈夫收养了继子继女，背后都有很多不同的经历，而这些过去的经历带来了之后的差异。这不仅仅是罪疚感的问题，比如孩子被别人偷走了。对寡妇或鳏夫来说，这是一种生活选择；对一个有着不幸福婚姻的人，这是一种救赎。这里面会涉及一大堆不能被忽视的问题，而这些问题会影响继父继母对新关系的期望或想象。在特定案例中，所有的这些都能被检验，甚至能被有效地检验。但就一般情境来说，主体就太大了，无法被完全顾及。一个女人（后妈）发现她自己正在养育着另一个女人生的孩子，而这个孩子的亲妈在她的想象中是竞争对手，即使对方已经死了。她（后妈）可能很快就发现自己被想象给逼迫着进入了一个女巫婆的角色，而不是童话中的神仙教母。就像是给我们写信的后妈所描述的那样，后妈可能轻而易举的就屈居前妻之后。但是，许多男女在他们结婚前后，都还在挣扎着长大。他们必须为自己的权利而战，否则就会丧失身份感和真实存在感。一个女人可能很容易将其他女人所生的孩子，当作是对孩子的母亲的提醒，而这一定是令人无法容忍的。如果这类事情确实存在，而且还是无意识的，那么它可能会扭曲养育环境，那么朝向容忍、恨、最后到爱的这一情感自然发展过程就不可能了。

我仅在此提一下这个事实，相当一部分继子们事实上是非常调皮捣蛋的，这是由于过去的经历导致他们出现了不同程度的性格方面的问题。我们可以解释他们的行为，并原谅他们。但是继母必须得忍受他们，这对于继母来说是一个无法逃避的现实。幸运的是，大部分继子们是可以改变并恢复原来友好的态度的。就像我们收到的信中所述，通常情况下在多数案例中，继子们就像是后妈亲生的孩子一样，不会有什么困难，或者困难不会大到造成威胁。许多人看不到重组家庭中继子问题的复杂性，他们还总认为这种事情非常简单。对于那些没有困难的人来说，对想象世界的探查一定会是烦人甚至危险的，这对他们的安全感造成了威胁。但正如我已经说过的那样，他们如果对不适的梦、甚至噩梦视而不见，对各种抑郁和怀疑情绪视而不见，那他们也就会对到底是什么促成了自己的成就视而不见了。

稍微了解一点失败的故事就可以极大地丰富我们的人生。此外，这些故事告诉我们，把不成功的人们聚集起来是有意义的。如果聚在一起进行讨论，那么他们就可以互相分享经验并减轻彼此的精神负担。有一位通讯记者向我们提出请求，想会见那些不成功的继父继母们。我认为这样的会见有可能是富有成效的，这种会谈由平凡而普通的男人和女人组成。

写于 1955 年

第三章

从吸吮行为看宝宝的想象世界

在两次睡眠之间婴儿是如何打发时光的呢？从观察婴儿所做的活动中，我们能够获得很多的知识。但是，首先我们必须要摆脱“对和错”这种观念的影响。我们的兴趣来自于能够通过婴儿来了解和研究婴儿。“上一周的发言者抛出了这样的观点，即如果某个婴儿吸吮他的拇指或衣物，我们要做的并不是去表示赞成或不赞成，而是要抓住这个机会了解一下婴儿这个沟通行为所代表的意义。”我很赞同他的观点，也很赞同那些他引证信件的作者妈妈们。

我们所关心的是多种多样诠释婴儿生活的现象。可能我们无法穷尽，因为总是有新的婴儿出现。再者，没有任何两个婴儿在面孔上，或者习性上是完全一样的。我们不仅仅通过婴儿的鼻子形状和头发颜色来了解他们，还要看他们的个性特征。

每当母亲们跟我说起她们的孩子时，我经常会让她们回忆一下，在最早的日子里，哪些事情体现了孩子的个性特征。她们都会联想到那些将过去回忆生动地带回当下的记忆。

她们告诉我有关各种各样客体（物品）的事情，这些客体逐渐变得重要、被婴儿所接受和采用。婴儿开始吸吮和拥抱它们，它们帮助婴儿度过孤独和不安全的时刻，为婴儿提供抚慰，或者充当一种镇静剂。这些客体是婴儿部分和世界部分之间的中继站。这些客体很快会获得一个名字，诸如“奶布”“奶巾”之类，这些名字流露出了命名时的双重来源。气味和质地是这些物品的本质要素，你最好别去洗刷这些物品，否则就麻烦了。当带着孩子离家远行时，你必须得带上这些客体以安抚他。如果你是明智的，就该让这些客体慢慢地离开孩子，让它们逐渐消失在他的生活中，就像歌曲里面唱的老战士一样，让他们永远活在我们心中——你不能破坏它，也不能丢掉它，更不能把它送给别人。

最重要的事情是，你绝不可以挑战婴儿："这是你想出来的吗？""这是你自己发现然后拿来用的吗？"再大一点，你会通过让孩子对阿姨说"谢谢"来让他意识到那只毛绒狗玩具是阿姨送的一个礼物。但是，一般我们认为，在婴儿能够说出或理解"谢谢"这个词语之前、在能够清晰地区分出我与非我之前、或者在分化和发展出这种区分前，婴儿建立起来的第一个客体是婴儿床和婴儿车。

婴儿的人格正在形成，生命也正在以前所未有的方式存在着。从母亲感到胎动的那一刻起，这个新的生命就成为了父母共同的兴趣所在，那一刻个体的生命旅程就开始了。我知道小狗和小猫也吸吮布片、玩游戏，但我仍坚持自己的看法，它们的生命也是从那一刻开始的，动物也不是只由几束反射神经和欲望所构成的。

我承认，生命最初以一种非常受限制的形式存在，但是婴儿的一生一定是在出生时就开始了。婴儿这些奇特的习性展示了，在婴儿的生命中，除了睡眠和吃奶，还存在着比从好的喂养中获得本能性满足更多的事情，而这些都被婴儿接受和保留了下来。这些行为习惯说明，婴儿早已存在，在出生前他们就存在着，他们建构记忆，形成个性化的行为模式。

为了进一步理解，我认为必须要建立一个假设，即从一开始就存在着我们之后称为"想象"的一种原始的、粗糙的形式。在这种假设下我们可以认为，婴儿用双手、敏感的面部皮肤和嘴吸纳各种外部世界元素。富于想象的喂养体验要比单纯的躯体体验宽广和丰富得多。喂养的全部体验很快就能涉及与母亲乳房之间关系的丰富性，或者逐渐感知到的、与母亲之间关系的丰富性，而且婴儿借助双手和双眼所做和所看到的事情，拓宽了喂养活动的范围。通常我们看到的婴儿喂养多是一种机械的方式，这种正常的养育一般来讲都很简单平静。这样的喂养方式并不能丰富和充实婴儿的体验，反而还打断了婴儿持续存在的感受。我不太知道如何用其他的方式表达这种现象。这就只是一种反射性活动，而没有个人的体验。

当你抚摸婴儿脸时，他会给你一个微笑。但这不意味着婴儿产生了愉悦感。这个反应是违背主体意愿的。这时候，条件反射主宰了婴儿的意志。我们不应该凭着自己意愿来引出反射，也不应该刺激婴儿来唤起他们的本能满足感，这应该是婴儿在生活中自发出现的。

在喂养时婴儿其实还在做着其他各种各样的事情，但我们并意识不到，毕竟他们做这些事情不会像喂养一样体现在体重的增加上。我想表达的是，恰恰是婴儿在做的这些事情，让我们很安心地知道，婴儿正在主动摄取食物，而不仅仅是在被喂食；婴儿确实是活着的，而不仅仅是在对我们提供的刺激做出反应。

你是否曾经看到过一个婴儿在快乐地被乳房喂养的同时，吸吮自己的一根手指？我见过这种现象；你是否曾经看到过孩子梦游？当一个婴儿吸吮衣服或者被子的一角，或者一个玩具人偶时，这代表了他们想象的外溢是伴随着正在摄取食物的中枢兴奋功能的刺激的。

我换一种方式来表达。你曾经有想到：被环抱的感受、吸吮手指、吸吮布片，以及死死地抓住布娃娃玩具，是婴儿最初的情感表现吗？还能有什么比这些更重要呢？

也许你认为宝宝有情感能力是理所当然的。但是，等你有孩子了，而他没有情感，或者不知道如何表达，你很快就能理解这个问题了。你也许能引导一个不愿意进食的孩子吃东西，但是当面对一个缺乏感情的孩子时，你是无法让这个孩子表现出情感的。你可能会把大量的情感倾注在这个孩子身上，但是他会拒绝你、走到一边去，或者沉默，或者尖叫表示抗议。

我们谈及的这些奇怪的、不相关的行为举动，都是婴儿作为一个个体存在的迹象，而且是婴儿在与母亲的关系中充满自信的一种标志。正如之前所说，婴儿有能力将母亲、或者母亲的某些特性作为象征性客体，而且婴儿有能力享受这些游戏行为，这些游戏行为在有些方面已经远离了本能行为，也就是说，远离了喂食。

如果婴儿失去信心会怎么样呢？一个小小的剥夺可能使婴儿的吸吮行为出现强迫性的成分，或者诸如此类的情况。这样一来，吸吮行为不再是一个发展支线，而成为了主线。但是，如果婴儿遭受了更为严重地或持久地剥夺，那么他便丧失了吸吮布片、用嘴玩耍或用自己的鼻子蹭痒痒等全部能力。而生命的意义都出自于这些游戏活动。

这些首次出现的游戏客体和游戏活动，都存在于婴儿与外在世界之间的中间部分。在婴儿区分我与非我这一发展的延迟背后，存在着巨大的张力，我们要容许这个发展自然地发生。我们会发现婴儿开始出现分类整理东西的行为，他们知道了外在世界和内部世界的存在，而为了帮助他们理解，我们要容许有一个中间世界，而这个中间世界既是个人的，同时也是外在的；既属于我，同时也属于非我。这与童年早期密集的游戏一样，也与大孩子或成人的白日梦一样，它既不是梦，也不是现实，而是两者的结合。

细想一下，当我们对个人内在世界与外在共享现实之间的中间区域的需求缺乏满足时，个人还能一直成长吗？婴儿永远不会完全失去在分类整理两种东西中所感受到的张力，我们容许自己有一种文化生活、有一些可以共享的东西，也容许有些仍然是属于个人的。当然，我是指诸如友谊和宗教习俗这类东西。不管怎样，存在着一些大家会不知不觉地做的事情。例如我为什么会吸烟呢？我会和婴儿解释这个问题，我很肯定他不会嘲笑我，因为他会比任何人都明白，一直保持有意识地去做事情是多么得愚蠢。

吸吮拇指或洋娃娃可以带来真实感，实际的喂养则可能带来非真实感，这也许很令人奇怪。实际的喂养引发了条件性反应，各种本能全力地参与到了这些反应当中，而此时，在自体地构建中，婴儿还没有发展出能够覆盖和包含如此强烈的体验的能力。这点不会让你联想到赢得全国越野障碍赛马比赛的那匹没有骑手操控的马（马第一个跑到终点，但骑手在中途落马了）吗？这种胜利和成功并不能获得主人的奖赏，因为骑手没有尽职。主人会觉得挫败，骑手也可能受伤了。当你开始时适应婴儿的个人需求和节奏时，你就在赋予骑手自主施展骑术的权力和让他享受马术的快乐。

对于一个自体还不成熟的、非常小的孩子而言，类似吸吮布片这种奇怪的行为方式，也许恰恰就是一种表达自我的方式。借助这种表达方式，他能够感受到真实。这种表达也给予了妈妈和婴儿一个机会，可以借此发展出不受动物本能所支配的人际关联性。

写于 1956 年

第四章

说『不』的三个阶段

唐纳德·温尼科特

这个节目和接下来两个节目组成了一个系列。主题是“说‘不’（不许、不行、不要、不能）。”今天晚上，你将会听到几个妈妈之间的一场讨论，我将会在最后进行简短评论。下个星期和下下个星期，我将会做出进一步讨论，我会引用一些本次讨论中所提及的内容作为提醒。

我相信你会喜欢这个持续约 8 分钟的讨论。我觉得它非常的真实。你听到就可以很肯定它不是一场演出了，因为你们在讨论相同主题时也会这样。

妈妈们的交谈

妈妈们

“不管是不断告诉孩子们不要做这、不要做那，还是干脆一不做二不休，让孩子们玩到底，要做到恰到好处是非常困难的。但另一方面，你又不可能让家里变得凌乱不堪。”

“我刚刚搬到新家去。我们住这套公寓已经 1 年了，打算用很多东西来布置，而我们也有了一个宝宝。我刚刚决定让她在这套公寓中自由自在地玩耍，她将会成为一个幸福的宝宝。”

“她会的，她 20 个月大吗？”

“21 个月了，非常的活泼、好动。”（她们交谈起来）

“3 岁了！ 3 岁的孩子与 21 个月的孩子已经有点不一样了。”（她们又谈了起来）

“但是，我还是打算这样。”

“那你的孩子去别人家串门时，你也容许她有同样的自由吗？”

“现在是的，因为她对周围环境感到非常好奇，在她这个年龄段就该是这样吧。”

“我认为，当孩子去别人家串门玩耍时是否乖巧和懂规矩，很大程度上取决于他们在自己家中拥有多大的自由度。因为如果孩子们在自己的家中或更大的范围内，能以各种方式自由地踢打、玩耍，那么他们就不……”

“他们就不那么好奇了。”

“那么他们就不会想在其他任何地方那样做了。比如，当你购物回来时，孩子会过来翻米袋——如果你傻乎乎地直接把米袋放在那里的话——他们会把米撒得满地都是。（大笑起来）这不怪孩子淘气，而是你自己犯傻。当我的孩子把米撒一地时，我意识到要带孩子去沙坑玩耍了。你知道，孩子在沙坑里面可以随心所欲地扔沙子玩，越早带孩子去玩，我们就会越省心。”（大家又谈了起来）

“难道孩子玩沙子就从来不会无聊吗？会不会对玩大米更感兴趣呢？”

“当然不会。我还想到其他的，比如踩浅的泥水坑。关于这个，我从其他人那里学习到了一些经验，因为我的孩子第一年是被其他人照顾的——当然不是一整天——我白天教课的时候，孩子由保姆照管（在有第二个孩子之前，我觉得我要出去教课）。有几次，即使孩子穿着日常的鞋子，那个保姆也容许他去踩浅的泥水坑。她之后会说：‘这次你不能踩泥坑了，因为你刚出门，现在我没法给你换鞋子。’孩子就不会踩泥坑了。这是我曾经学到的一个很好的经验。我的意思是，当孩子的要求和行为不是过分到让人不能接受时，你如果容许孩子这样做，孩子以后就不会再去做这些事情了。这时你可以向孩子做一点解释，说说为什么这个时候他不能这么干。”（大家又讨论了起来）

“这并不好解释清楚，不是吗？”（她们讨论起来了）

“这一点作用都没有，只会反弹，你得要适应孩子们。”

“你可以用游戏的形式来解释：‘让我们一起来做件事。’然后，慢慢地让孩子放弃他们正在做的那些有破坏性的事情，并且找到一些替代行为。”（一起讨论这个问题）我似乎解释得太抽象了。我的意思是，无论那个时候孩子正在做什么，借助玩游戏的方式，把他引向另一个游戏。”

“转移注意力吗？”

“转移注意力。”

“我认为，这种做法在很多不需要你说‘不’的情境中是可行的。当我们的第一个宝宝还很小的时候，有两件事情需要我们说‘不’。一件事情是我们不能让孩子把起居室里面的绿色植物拖来拖去；第二件事情是孩子会触摸电线，而平时生活中到处都是电线。孩子做这些事情时，我们要对他说‘不’。如果周围有任何会伤害孩子的东西，我们都要把它们拿走。”

“这样做很明智啊！”（她们又讨论了起来）

“这些事情总是要说‘不’的，而其余的事情则不是。所以，当你出于某些原因，对幼儿的一些新行为说‘不’时，你要知道，孩子是无法理解的，他们并不会放在心上。”

“一开始我像遇到了地雷一样小心翼翼，之后就能成功地应对了。”

“有一些场合你没法不说‘不’。在孩子 21 个月大的时候，你可以把一些危险的东西放在他够不着的地方，因为他们可能还不会爬高。但有些东西，例如电插头，你没法把它们拿走！”

“你可以用合适的插头——有些安全插头是专供电气设备用的。”

“我认为，你只要决定了要说‘不’，那就要坚持住。而且，扇孩子一巴掌远远比让他们触一次电，或者遇到其他危险要好得多。”

“毕竟你没法总是把所有电插头都移走。”（大家又一起讨论了）

“人们决定说出‘不’字，并且还要坚持住它，这确实不是件容易的事情。如果你要对那些对孩子来说很重要或很感兴趣的事情说‘不’的话，只会让他们对这些事情更加着迷。因为对于这些事情只有‘不’，而没有其他可能性了。就拿火柴来说吧：孩子们想要得到某种东西，而火柴是屋子里面最让他们感兴趣的东西，因为你一直对孩子说‘不’许拿火柴。我觉得你必须要让孩子们去玩一玩火柴。”

“有人曾经尝试过教孩子们如何划火柴吗？把火柴拿得远一点……”

“……可是，那会更加让孩子着迷的。”

“我不知道，我认为要是向孩子们展示出，如果他们继续玩火柴会带来什么后果，可能是一个好办法。”

“甚至真的烧到他们的手指吗？”

“我不知道——我想可能有一点困难。但是，如果他们能足够得接近划着的火柴，他们就会意识到，火焰是烫的，而且可能把手指灼疼，这样他们就从中学到什么是高温了。”

“是的，我很幸运。我孩子有一次摸自动加热的浴巾架，而架子是热的，他被烫了一下，然后我告诉他那是‘烫’。”

“我的第二个孩子，他可能会因做一些事情受伤，然后学到经验，或者我认为他学到了他为什么会受伤。但是，第二天他又很乐意重蹈覆辙。”

“我可以肯定，问题的关键是孩子的天性。在我第一个孩子大概 18 个月大时，吃了一大口滚热的熏猪肉，我告诉他‘烫’。从那时起，我就认为他不再会烫伤自己了。因为他知道了‘烫’是什么，而且他有了很多想象，也会相当地害怕‘烫’。但是，我的第二个孩子却非常不一样，他可以大口地吃热的熏猪肉。”

“有一些事情是孩子不能做的，尽管这些事情未必真的会伤害到孩子。比如那种自动点火的煤气灶。我的小家伙要做的事情就是举起点火器。好了，点火器打开了煤气开关，这并没有伤到孩子，只是点着了煤气灶。但是这非常的危险，一个不凑巧就会烧毁很多东西。他知道他不应该做这件事，而且他在做的时候，总是摇着自己的头。”（欢笑起来）

“难道这不正是扇他们耳光的时候吗？”

“难道这不正是你花了相当长时间去观察终于等到的时刻吗？在孩子就要靠近煤气灶的时刻，你难道不会一巴掌把他扇开吗？”（大家又讨论了起来）

“母亲的责任是她不应该让孩子进入厨房，而且就应该如此，没得商量。这该是我们的责任！”

“但是，你正在洗衣服、在做饭啊。”（她们讨论起来了）

“孩子也不会长时间地待在游戏围栏里面啊！”

“哦，当然不会了，可是我原以为有一种方法能够对付这种相当普遍的现象。那就是转移他们的注意力。如果孩子跑去玩煤气，你可以给孩子展现一些同等吸引注意力的、但是安全的东西。对于稍大的儿童，也可以用同样的方式。你得要始终提醒这些大一点的孩子们，他们一定不能去动烧锅的把手。所有孩子都不能去厨房，不能拉动任何东西。”

“我们非常幸运。我们的餐厅与厨房之间有一道门，孩子们不得不把餐厅作为他们的游戏室，我也设法让孩子们待在餐厅玩耍。但是，我做饭时并不把他们关在厨房门外面。而且孩子们知道，我就在隔壁的厨房里面，如果他们想，就能看见我，这样一来孩子们就几乎总是待在餐厅里面玩耍。”

“他们多大了？”

“哦，从很早的时候就开始了，从他们一走出游戏围栏时就开始了，大概 1 岁左右。他们会走过来，围在厨房门外看我，然后他们会再一次走回去，和玩具待在一起。”

“你难道不觉得经常性地防着孩子，然后得要找到转移注意力的东西，并不断提醒他们等等，让人又累又无聊吗？”

“是的。”（她们又开始讨论）

“我想补充一点，关键问题是时间。你正在同时做那么多事情，也许正在做着饭，也许正把尿布煮开了，有人敲门，而你转过身来，突然发现你的小儿子正在玩着煤气旋钮开关，或者正在把手放到电暖炉里面——正是前天晚上用过之后忘记拿走的那个。这是一系列碰巧发生的事情——你不可能提前预计到每件事情。”

温尼科特

我期望这组妈妈们在茶歇之后继续讨论并交换意见。我们必须把她们留在这里。

正如我之前说过的那样，这个星期，我将只做一个简短的一般性评论。在下星期，以及下下星期，我会重新讨论这期内容，并对要点加以扩展。我一直很享受倾听人们对他们专长的讨论。就像听农民谈论小麦、黑麦和土豆，或者听手艺人谈论他们的专业。我非常喜欢听这些女人谈论 24 个月、或 3 岁、或任何年龄阶段的孩子之间的不同。她们清楚每隔 1 月孩子会发生什么样的巨大变化。在孩子 12 个月时，在言语发展上，他们只能理解少量的几个单词。然而，当孩子发展到 24 个月时，言语性解释将成为一种很好的沟通方式。当孩子真正懂得了说“不”的意义时，言语性解释就成了寻求合作的有效方式。我们可以从妈妈们的讨论中看到，孩子经历了几个发展阶段。我把它分为三个发展阶段。第一个阶段，你需要时刻负责。第二个阶段，你开始向你的宝宝传达“不”的含义，因为你的宝宝开始有能力区分出什么是你允许的，什么是不允许的。你依稀辨别出了智慧的曙光。你还不能用道德上的对与错来对待婴儿，你只能让婴儿知道他们面临着各种危险，所以你要保护他们。我认为，你每次说的“不”，都是基于现实中的危险。你还记得有两个妈妈在讨论“烫”吗？她们在恰当的时机，说出了单词“烫”，因而把危险与疼痛联结在了一起。但还有许多危险并没有与疼痛相关联，因此，直到下一个阶段到来之前，必须要说足够的“不”。在第三个阶段，你通过提供解释，获得了婴儿的合作，这涉及了语言。“不”，因为它是烫的；“不”，因为我说过不允许了；“不”，因为我喜欢那盆植物。这就意味着，如果那盆植物被孩子拔了出来，在几分钟之内你将不那么爱他了。

我谈到三个阶段，但是这些阶段之间是相互重叠的。首先，存在着一个你负全责的阶段，如果有什么不幸的事情发生了，都是你的责任。而且这个阶段只能非常缓慢地逐渐消退。然后，你要继续对孩子负有责任，但是由于孩子理解事物的能力逐渐成熟，你所负的责任也在逐渐减轻。如果第一阶段已经成为过去时，这就意味着你的孩子已经正常成长到了不需要家庭控制的时刻，成为了一个独立的社会成员。

在第二个阶段，你会把自己对世界的观点强加给婴儿。这个阶段通常将会转变成第三个言语解释的阶段，但是变换速度和方式取决于孩子，同时也取决于你们（父母）。孩子们彼此的发展方式相当不一。下个星期我们会再谈一谈这些要点。或许你已经理解了，说“不”其实并不仅仅是在说“不”。

※ ※ ※

上星期，你听到了一些母亲在讨论关于说“不”的问题，而我做了一个简短的评论。这星期和下星期，我将会谈一谈倾听妈妈们谈话时的一些思考和想法。不过只会涉及与整个讨论有关的一些事情。

在工作中，我了解到了大量妈妈们会遇到的困难，这些困难都来自那些没能幸运地处于母亲的位置上的妈妈们。或许这些妈妈们自身存在着很大的困难，所以即使知道途径，她们也很难真正去执行：或者她们的丈夫经常不在家里；或者她们的丈夫不能给予合适的支持；或者她们的丈夫会干涉她们，甚至会嫉妒她们。有些妈妈们没有丈夫，不得不独自把孩子养大。除此之外，还有其他因素会导致不利的养育环境，比如贫困、拥挤的居住条件、不友善的邻居们。情况如此艰难，使得这些妈妈们过分专注于细节，没法顾及到整体。还有一些妈妈们在照顾着别人的孩子。

我觉得，能在这里聚会一起讨论如何照管自己孩子的妈妈们，在平常生活中都是健康和幸运的。而且，如果她们打算着手处理照顾婴儿中遇到的现实问题，那她们一定都具备有处理这一问题所必备的安全感。我知道，大多数母亲都和她们一样，但我倾向于把注意力引向这一事实，即她们都是幸福的。部分原因是，如果我们认为好运气是理所当然的，我们就会错过一些事情；另一部分原因是，我想起了可能正在听节目的那些处于压抑中的、不幸福的、饱受挫折和失败的妈妈们。毕竟所有人都很想成功地养育孩子。

在这之后，我要提醒大家注意上次我划分出来的那三个阶段。在第一个阶段，我说需要妈妈为保护婴儿负起全部的责任。然后，当等到可以说“不”的时候，就进入了一个新的阶段。再然后，就进入一个可以进行言语解释的阶段。

在妈妈负起全部责任的第一个阶段，我想说明一点。也许在这几个月的时间里你打算一次也不让你的孩子感到失望，但无疑自始至终你都会令他失望。因为你不可能、其他任何人也不可能，满足一个婴儿的所有需求——你也没必要做到最好。在这个阶段里，是没有“不”的。而且，我想提醒的是，这个阶段与随后的各个阶段是有重叠的；这些阶段不停地延续，一直到你的孩子已经成为了成熟的成年人，并且不再依赖家庭的控制了。你将会做些错事，但我并不认为你们会真正让孩子感到失望。如果你们有能力帮助孩子们的话就更不会了。

在我称之为第二个阶段的下一个阶段里，开始出现了说“不”的情况。你们会设法以某种方式传达出“不”这个含义。也许你们只是说“哎哎哎哎哎哎！”；或者拧起鼻子、皱起眉头；或者使用词汇“不”——这是一种非常好的方式，除非你们的孩子耳朵是聋的。我想，如果你们是幸福的，就会发现在实践的基础上去做这种“不”的事情，并建立起一种适应自己并适应周围世界的生活方式，还是比较容易的。那些不快乐的妈妈们，由于她们自已感到不幸福，可能倾向于在照顾婴儿时过分地表达幸福和爱，而有时候，她们说“不”，仅仅是因为她们被孩子激怒，实际上对孩子是没有任何帮助的。接下来是第三个我称之为言语解释的阶段。有些人会觉得如释重负，因为她们终于能够和孩子进行沟通并寄期望被理解了。可是我认为，所有事情的基础，无疑在更早期就已奠定了。

我想让大家注意妈妈们现在的讨论，在这部分讨论中，一位母亲说，她每次只会表达一个“不”。我认为关键是这位母亲始终很清楚什么是她允许的，什么是她不允许的。如果这位母亲一直处于一种糊涂的状态，那么孩子将会错过一些很有价值的事情。让我们再一次听一听这些妈妈们的谈话片段吧。

妈妈们

“我认为，这种做法在很多不需要你说‘不’的情境中是可行的。当我们的第一个宝宝还很小的时候，有两件事情需要我们说‘不’。一件事情是我们不能让孩子把起居室里面的绿色植物拖来拖去；第二件事情是孩子会触摸电线，而平时生活中到处都是电线。孩子做这些事情时，我们要对他说‘不’。如果周围有任何会伤害孩子的东西，我们都要把它们拿走。”

“这样做很明智啊！”（她们又讨论了起来）

“这些事情总是要说‘不’的，而其余的事情则不是。所以，当你出于某些原因，对幼儿的一些新行为说‘不’时，你要知道，孩子是无法理解的，他们并不会放在心上。”

“一开始我像遇到了地雷一样小心翼翼，之后就能成功地应对了。”

温尼科特

我们在此了解到母亲适应婴儿需要的能力，一开始婴儿的需要很简单，但随着发展会变得越来越复杂。在一开始，婴儿只有两件不被允许的事，之后，其他不被允许的事情无疑会增多。而且在养育孩子的工作中，诸多麻烦事都是必要的。

我们需要提醒自己，在能够使用言语进行解释前，可以使用一个词的方式来向孩子表达“不”的含义。例如在我说的第二个阶段与第三个阶段之间，我们只是使用一个简单的词汇“热”或“烫”，就能够向孩子准确地传达出“不”的意义。

妈妈们

“甚至真的烧到他们的手指吗？”

“我不知道——我想可能有一点困难。但是，如果他们能足够得接近划着的火柴，他们就会意识到，火焰是烫的，而且可能把手指灼疼，这样他们就从中学到什么是高温了。”

“是的，我很幸运。我孩子有一次摸自动加热的浴巾架，而架子是热的，他被烫了一下，然后我告诉他那是‘烫’。”

“我的第二个孩子，他可能会因做一些事情受伤，然后学到经验，或者我认为他学到了他为什么会受伤。但是，第二天他又很乐意重蹈覆辙。”

“我可以肯定，问题的关键是孩子的天性。在我第一个孩子大概 18 个月大时，吃了一大口滚热的熏猪肉，我告诉他‘烫’。从那时起，我就认为他不再会烫伤自己了。因为他知道了‘烫’是什么，而且他有了很多想象，也会相当地害怕‘烫’。但是，我的第二个孩子却非常不一样，他可以大口地吃热的熏猪肉。”

“有一些事情是孩子不能做的，尽管这些事情未必真的会伤害到孩子。比如那种自动点火的煤气灶。我的小家伙要做的事情就是举起点火器。好了，点火器打开了煤气开关，这并没有伤到孩子，只是点着了煤气灶。但是这非

常得危险，一个不凑巧就会烧毁很多东西。他知道他不应该做这个事情，而且他在做这个事情时，总是摇着自己的头。”（欢笑起来）

“难道这不正是扇他们耳光的时候吗？”

温尼科特

……也许是要扇孩子一个耳光。从她们的讨论中你们可以看到，一些重要的工作恰恰是在日常的生活经验中得到解决的。没有所谓的经验教训，也没有专门时间去学习。人们从她们自己的反应中获得经验教训。

然而，我想再次强调，母亲是不可能永远不犯错误的。

妈妈们

“是这样的，当你购物回来时，孩子会过来翻米袋——如果你傻乎乎地直接把米袋放在那里的话——他们会把米撒得满地都是。（大笑起来）这不怪孩子淘气，而是你自己犯傻。当我的孩子把米撒一地时，我意识要带孩子去沙坑玩耍了。你知道，孩子在沙坑里面可以随心所欲地扔沙子玩，越早带孩子去玩，我们就会越省心。”

温尼科特

是的，这确实是这个妈妈的失误，使得大米被洒得到处都是，不是吗？可是，我猜她也非常恼火！有时候，这是房屋结构设计的问题，最好能在厨房与儿童游戏室之间的门上镶嵌上大块的玻璃，以便母亲能看到游戏中的孩子。

妈妈们

“我们非常幸运。我们的餐厅与厨房之间有一道门，孩子们不得不把餐厅作为他们的游戏室，我也设法让孩子们待在餐厅玩耍。但是，我做饭时并不把他们关在厨房门外面。而且孩子们知道，我就在隔壁的厨房里面，如果他们想，就能看见我，这样一来孩子们就几乎总是待在餐厅里面玩耍。”

“他们多大了？”

“哦，从很早的时候就开始了，从他们一走出游戏围栏时就开始了，大概 1 岁左右。他们会走过来，围在厨房门外看我，然后他们会再一次走回去，和玩具待在一起。”

温尼科特

是的，这个妈妈是幸运的。她的房间里厨房和客厅之间设计了一扇门。

接下来，我们就可以感受到母亲们时时刻刻的警觉性带来的压力。这点十分真实。在我看来，女人结婚之前是有固定的工作的，那时她与大部分男人一样会感受到工作带来的满意感，她能够集中注意力工作，然后能回家放松，但结婚之后就会大大不一样了。这个世界对女人难道不是有点不公平吗？让我们听听讨论小组中的妈妈们是如何看待这个问题吧。

妈妈们

“你难道不觉得经常性地防着孩子，然后得要找到转移注意力的东西，并不断提醒他们等等，让人又累又无聊吗？”

“是的。”（她们又开始讨论）

“我想补充一点，关键问题是时间。你正在同时做那么多事情，也许正在做着饭，也许正把尿布煮开了，有人敲门，而你转过身来，突然发现你的小儿子正在玩着煤气旋钮开关，或者正在把手放到电暖炉里面——正是前天晚上用过之后忘记了拿走的那个。这是一系列碰巧发生的事情——你不可能提前预计到每件事情。”

温尼科特

你当然不可能提前预计到每一件事。幸运的是，这种时时刻刻的警觉性并不是真的要一直保持，尽管我们感觉理应如此。母亲只需在有限的一段时间里保持对孩子时刻警觉。很快婴儿就发展到了学步期，而学步期儿童就要准备上学了，那时老师们就会分担一部分对孩子的警觉性了。然而，在父母的词汇表中，还应该保留着“不”这个重要词汇，而母亲和父亲要以自己的标准给孩子设限，一直到孩子能够以他们的方式摆脱父母的控制，并建立起自己的生活方式。

在以上讨论中还有一些重要的事情没有时间谈及。我很高兴有机会可以下周继续。

※ ※ ※

本周，我将继续讨论有关婴幼儿照顾中说“不”这一主题。我将用之前的形式来讨论，并谈及三个阶段。因为这方式很实用，可以很自然地涉及以下主题：什么时候说“不”，如何说“不”，以及为什么说“不”。我想用另一方式重新描述这三个阶段，因此如果你们没有听到上个星期的节目，或者忘记了，都无关紧要。

我确实有说到这三个阶段是互相重叠的。当阶段二开始出现的时候，阶段一的内容并没有完全结束，凡此种种，不一而足。第一阶段发生在说“不”之前。在这个阶段，孩子还没有理解能力，而父母要对孩子负绝对责任，要无条件地适应孩子。父母一开始就要负起全部的责任，虽然之后会逐渐减少，但在孩子发展成熟之前绝不能完全放任不管。也就是说，你们承担的责任会随着孩子不再需要家庭提供控制而结束。

我称之为第一个阶段的部分，实际上取决于父母亲的态度，而父亲（如果他在养育中是存在的，而且在孩子周围的话）会很快参与到养育孩子中，并且维持其家长的态度。我之后将会继续讨论接下来的两个阶段：后两个阶段与言语表达有关系，而第一个阶段与言语完全没有关系。因此，首先参与进来的是母亲，不久就是父母两个人，这才能成功地完成他们的养育工作，才能注意到那些还没有发生的、意料之外的事情。父母二人可以不慌不忙地解决这些事情，但是主要体现在身体行为方面。整体的行为模式反映了父母的一种精神态度，婴儿会感受到安全感，这就像他吸吮母乳时一样，把母亲对自己的信任感也同时摄入了内部。在整个这一时期中，父母亲的“不”，实际上是他们对这个世界的“不”。他们是在说：“不，不能进入 / 离开我们画的圈，我们只关心圈子里面的事情，我们绝不允许其他东西越过这个屏障。”如果父母感到很害怕，那么一定是有些事情越过了这个屏障了，伤害到了孩子。这与以下这件事情的道理是一样的：如果响起一声可怕的噪音，激烈的刺激会让孩子无法承受。在二战伦敦空袭时，婴儿们并不害怕炸弹，可是当他们的妈妈们感到非常恐慌时，这些婴儿马上就受到影响，并感到恐惧。但是大多数刚出生几个月的婴儿，都安然地度过了那个时期，并未遭受到炸弹轰炸的影响。并且，当终于得以突破屏障时，日渐成长的孩子已经发展出了各种应对意外事件的方式，甚至已经能够预判将要发生的事件。我们会讨论处于发展中的孩子习得的各种各样的防御方式，但那将是另外一个内容了。

由于父母假定自己在这个早期的阶段中要负有全责，这就带来了一种责任感，将父母和孩子相区分，或许这使得某些人希望父母和孩子们做好朋友的想法变得有些荒唐。但是，婴儿最终能知道，是妈妈保护了他们避免并远离某种意义上的危险，而他们也会知道，自己的哪些行为、做到何种程度，将会影响到妈妈对他们的爱和喜欢。在此之后，孩子们会逐渐发现他们自己也能够说“不”了。

接着，第二阶段就开始了，这时候妈妈不再是对周围世界说“不”了，而是开始对她的孩子说“不”。这种现象一直被称为“引入现实原则”，不过它被称作什么其实并不重要。母亲和她的丈夫一起逐渐地把孩子带向现实，同时也把现实逐渐地介绍给孩子。这是一个互相了解的双向过程。其中一个方式是通过禁令来实现。听到说“不”是一个方式，你也许会很开心，因为发出禁令只是其一。“不”（No，禁止）的基础是“是”（Yes，允许）。有一些婴儿是在“不”的基础上养育的，他们的母亲或许认为，只有指出了无数的危险情境，才可以保证孩子安全。但是，若婴儿不得不以这种方式逐渐认识世界，其实是一件很不幸的事。有很大比例的婴儿能够用其他方式了解这个世界。他们那正在扩展的世界与妈妈说“是”（Yes）的、数量和种类都在不断增加的客体是相关的，即母亲容许孩子接近这些客体。在这种情况下，婴儿的发展在很大程度上就与母亲的允许而不是禁止有关了。“是”（允许）是基础，然后在此之上，“不”（禁止）被增补了进来。当然，这没有完全包括那些必须要做的事情。它只说明，婴儿的主要发展是正在沿着哪条线进行而已。婴儿在生命的头几天可能疑心很大。我必须要提醒大家，孩子的性格多种多样，但绝大多数的婴儿至少可以暂时信任他们的妈妈。婴儿都能得到母亲允许他们碰到的一些东西或食物。所以，难道不是整整第一阶段都是妈妈们对婴儿的需求说“是”（允许）吗？之所以都说“是”，是因为绝对不能让宝宝感到失望。在这个阶段，你们绝对不能真正地疏忽了该做的工作。这是一个责任巨大的，不言而喻的“是”（允许），这个“是”（允许）为婴儿在世界上的生存奠定了坚实的基础。

我知道情况非常复杂。很快婴儿就变得具有攻击性，并且出现一些摧毁性的想法，他们对母亲的信赖因此受到干扰。而且有时即使母亲表现得与平常一样，婴儿却并不觉得有被母亲友好对待。在这里我们没必要讨论这种复杂问题，因为对婴儿来说，这个世界迅速变得现实起来，这一情况十分复杂，有很多事情有待考虑。例如，母亲有一套禁止婴儿做的事情的规定，而来帮忙的奶奶有另一套规定，或者保姆也有一套她自己的禁止规定。而母亲也不是万事通，她们有着各种各样并无法被证实的信念。比如，有一位母亲担心任何绿色的东西都是有毒的，因此绝对不能把这些东西放到嘴里。那么婴儿如何才能知道，一个绿色的东西是有毒的，而一个黄颜色的东西是有益的呢？而且要是这个婴儿是色盲又将怎么办？我听说过一个被两个人同时照顾的婴儿，其中一个照顾者是左利手，而另一个照顾者是右利手，这种情况对他来讲过于复杂。我们预期会有一些复杂的情况出现，但婴儿还是安然度过了。等到达第三个解释阶段，孩子们才能从我们的知识储备中获得并聚集智慧，才可以学习到我们的所思所知。而最好的事情，是他们有能力对我们所给出的各种道理表达异议了。

让我们再回顾一下之前的内容。首先，婴儿需要照护和依赖。然后是道德方面，在婴儿发展出自己的个体道（品）德前，要依靠母亲的道德指导。然后，在解释的帮助下，终于出现了理解事物和世界的基础，而理解则带来了科学和哲学。看到像这样重大的事情开始在这么早的年龄阶段，难道不是件很有趣的事情吗？

我想多聊聊母亲说“不”的这件事情。我认为这是父亲首次出现的象征。在某种程度上，父亲就如同母亲一样，可以临时代替母亲照顾婴儿，并且可以完成各种各样女人做的事情。但是我认为，父亲在婴儿的印象中，似乎代表了母亲内心中能够使她们自己说“不”、并坚持说“不”的坚强的东西。一切发展顺利的话，这种“不”的原则被逐渐地具体化在男人自己身上，而爸爸这个个体变得可喜可爱了，即使爸爸偶尔扇孩子一个耳光，也并不会导致多么严重的后果。但是，如果爸爸打算要扇孩子耳光，他必须要赢得扇耳光的资格，这一资格是通过诸如经常存在于孩子周围，而不是通过站在孩子这一边一同反对母亲而赢得的。爸爸们可能不喜欢把“不”的原则具体化在自己身上这一理念，但若提到小孩子其实喜欢被告诉哪些事情“不”可为这一事实，或许爸爸们能接受一点。小孩子其实并不想总是与柔软的东西一起玩，他们也喜欢石子、棍子和坚硬的地板。他们喜欢在被拥抱的同时，也被告知做什么会被惩罚。

写于 1960 年

第五章

嫉妒的出现和消失

温尼科特

你们怎么看待嫉妒呢？嫉妒是好是坏？是正常的，还是异常的？在听妈妈们讨论时，每当听到关于嫉妒表现的描述时，最好在心里想一想这个问题。这是意料之中的事情吗？还是某些地方或某件事情出错了？我认为答案一定很复杂，但是把问题弄得比需要的更加复杂毫无意义。因此，我们首先关注讨论中每个家庭都有发生的嫉妒这一主题。我并不介意提前说出我的观点，依我看，嫉妒是正常健康的现象。嫉妒源于孩子们有了爱的能力。如果孩子们还没有能力去爱，那么他们就不会表现出嫉妒。然后我们必须要关注到嫉妒的不太健康的方面，特别是那种隐藏的嫉妒。你将会看到，在妈妈们讲的那些故事中，嫉妒通常会自然而然地消失，虽然下次或许嫉妒又一次开始，并又一次消失。到最后，健康的孩子们有能力表达他们的嫉妒，而这给了他们机会去讨论自己在嫉妒什么，这可能会有所帮助。我正在提出一个理念，即嫉妒首先代表着婴儿发展出的一种成就，它表明孩子已经具备了一种爱的能力。

更进一步的发展成就是孩子能容忍嫉妒。孩子的首次嫉妒，通常来自于新宝宝的出生。众所周知，嫉妒并不因家庭中只有一个孩子而避免。任何婴儿感受到的、占据了妈妈关怀的事情，都可以引发嫉妒。我相信，那些感受到嫉妒，并最终妥协和容忍了嫉妒的孩子，都获得了丰富的内在体验，这就是我的理念。我提议大家一起来听一听这些妈妈们的回答以及关于嫉妒的讨论。

妈妈们

“S 夫人，我知道你有 8 个孩子。他们会彼此互相嫉妒吗？”

“他们当中有两三个会相互嫉妒。第 2 个孩子出生的时候，老大才 15 个月，在第 2 个孩子大约 3 周龄的时候，我正在给他喂奶，老大轻轻抚摸着老二的头发，并非常亲切地说着‘巴-巴’，于是我说：‘弟弟是不是很可爱’，没过一会儿，老大的声音就变了，腔调也变了，他骑压在弟弟的脑袋上，嘶喊着‘巴巴’。于是我意识到，老大并不高兴弟弟出生。大约 1 周之后，我正在戴帽子打算出门，不知道怎么的突然朝客厅的窗户看了一下，就发现老大正在试着把小婴儿从婴儿车中拉出来摔在地上。我赶紧把老大抱回他原来的地方，把小婴儿重新放进了婴儿车扶手那边。等把这两个孩子全部都安顿好了，我发现他们相安无事了，他们其实并不喜欢被打扰。我还发现，老大经常大叫，使劲哭喊跺脚，我想这可能是由于弟弟出生了的缘故吧。”

“他还嫉妒弟弟吗？”

“现在不了。他已经恢复正常了。他是长子，并因为有弟弟妹妹们而感到非常自豪，但他曾经有一段时间会嫉妒。”

“L 夫人，你那 3 个孩子会这样吗？”

“嗯，老二出生时，老大已经2岁了；等妹妹出生时，老大已经3岁半了。老大是一个容易相处的、快乐的孩子。他第一次看见他弟弟时，表现出完全没在意的样子。我们设法让他对这个事件有所准备。但他不太理解发生了什么。”

“我想他还是太小了。”

“他太小了，不能理解发生的事情。他表现出的漠不关心持续了一两个星期，然后这一天终于来临了。那时他看到了小弟弟躺在婴儿车里面，而他自己因为长大了，已经有好几个月没有在婴儿车里面了，于是他心寒地哭泣了起来。”

“那个时候他弟弟多大了？”

“噢，大概三四周龄大吧，老大哭得很伤心，我想这只是一个开始。打那之后，每次给小婴儿清洁或换衣服的时候，老大不是尿裤子，就是把自己弄得脏兮兮的，这种现象持续了很长时间才有所改善。这都还是他又长大了一些，能够开始理解自己要做出改善了之后。”

“那妹妹出生时，他出现了什么情况？”

“他始终友好地对待妹妹，并深深地爱着她，而且第二个孩子也是这样对待妹妹的。”

“他们没有出现什么退步么？”

“没有，但后来老大表现出了攻击性，那时候他弟弟开始能够坐立起来，并吸引别人的注意了。”

“你认为这是一种嫉妒的象征吗？”

“噢，那肯定。有一天，我发现老大正在试着捂住躺在婴儿车里面的小弟弟的嘴，他一定对小弟弟怀恨在心吧。而我猜这是因为过去我有时没忍住，替小婴儿报复了老大。但是，我并不认为这样是对的。这样完全不利于改善问题。”

温尼科特

在我看来，这是些日常的家庭琐事。我想提醒你们注意孩子们的年龄，因为恰恰就是年龄造成了这种差异。那个在小婴儿被喂奶时，轻抚着他头发的男孩，会过了一段时间就尝试着把小弟弟从婴儿车里面拽出来，并扔在地上。当小弟弟出生时，这个男孩子 15 个月龄。还有一个 2 岁大的孩子，第一次看见出生的弟弟时，他显得漠不关心。父母一直都在告诉他将会有什么事情出现，但或许他并不能理解。3 周之后，当他看到躺在婴儿车中的小婴儿，并想起了之前躺在婴儿车中那个人是他自己时，他便心寒地哭泣了起来。他从妈妈那里获得了共情性帮助，使自己克服了这个问题。但随后，当他的小弟弟开始能够坐立和吸引别人注意时，他变得具有攻击性并怀恨在心，而且曾经有一次，他尝试着捂住躺在婴儿车中的小弟弟的口鼻。一直到他 4 岁时，他对待弟弟的态度才变得友好一些。但无论是他还是他的弟弟，都没有嫉妒他们的小妹妹。以下是妈妈们关于此的更多讨论内容：

妈妈们

“T 夫人，你那 7 个孩子的嫉妒呢？”

“我发现只有女孩子间有。”

“你有几个女孩儿？”

“我只有 2 个。头胎是一个男孩，第二胎是个女孩，叫琼（Jean），接下来又是 4 个男孩，然后生了另一个女孩儿。你知道，琼经常问我这样的问题，反复地问：‘我们可以有一个小妹妹吗？’而每当她看到又生了一个男孩儿时，她会有一两天表现出灰心丧气的样子，但这种情绪很快就烟消云散了。直到有一天，她放学回到家，发现她有了一个小妹妹，叫帕特里夏（Patricia），那一刻她高兴极了。有点麻烦的是，我是 10 号生的小女儿，而琼的第 7 个生日就是当月的 16 号，当时我没能为她组织生日晚会，因为我完全没有精力了。因此，大约有 1 个月的时间，每晚放学回家喝完茶之后，琼就泪流满面的径直走向她的床铺。我们拿她一点办法也没有，她什么也不听。但是我一度认为，她已经克服这个难关了，我认为我已经说服了她。但是，昨天小妹妹生病了躺在床上，我对琼说——天真地请求——‘琼，你愿意替我给帕特里夏拿一套睡衣吗？’而琼转过身来对我说：‘不，我为什么要去拿睡衣呢？让她自己去拿吧，现在她已经长大了。’”

“她还在嫉妒吗？”

“是的，看起来像是这样。但自从帕特里夏大约 6 周龄之后，家里气氛一直都非常平和。现在，帕特里夏已经 2 岁了，琼的嫉妒又突然冒了出来。我只能希望我们能够一起让她摆脱这种嫉妒。”

“琼一点也不嫉妒她的那些兄弟们吗？”

“是的，不嫉妒。”

温尼科特

在琼第7个生日的前一周，她的小妹妹出生了。她不得不放弃举办她的生日晚会，所以她变得极度地嫉妒。第一次的嫉妒持续了6周之后就消失了，当琼9岁、妹妹2岁时，琼的嫉妒又开始出现了。琼对家里7个孩子中其他4个弟弟的出生并不在意，并且她一直想要一个妹妹。我猜想，孩子实际上得到的这个妹妹，未必就和她渴望的那个妹妹是一回事儿。

让我们再看一个妈妈们讲的故事：

妈妈们

“G夫人，你的孩子们怎么样啊？他们之间会嫉妒吗？”

“会。我有个4岁半的小女儿，在她刚刚3岁的时候，她的弟弟出生了。一开始，她因为有了一个弟弟感到非常地兴奋。但是我们发现——几乎是从‘离开’这个词中发现的——如果我抱起了小宝宝，那么她就不得不离开，去坐在我丈夫的膝盖上，反之亦然；在我喂奶的时候，她总想让我给她读书，或者至少要坐在我身边。”

“那么，这种情况解决了吗？”

“解决了。直到她弟弟大约1岁左右时，嫉妒阶段基本过去了，这种情绪就基本平静了，那个时候弟弟可以下床在游戏围栏之类的保护中走动了。我们在玩具方面遇到过相当多的麻烦。我把她曾经玩过的玩具拿出来给弟弟玩，当然她认的出来那些玩具，并说：‘那是我的，那是我的！那是我的玩具！’

而且她还重返婴儿的玩具时期。我发现，我得再多买一些婴儿玩具专门给弟弟玩，否则家里就不会安静了。”

“姐姐真的是想玩那些玩具吗？”

“不，不，不是这样的。她不会去摸弟弟的玩具，但如果她看见弟弟正在玩她的玩具，甚至是那些 2 年来她碰都不碰的玩具，她都要把那些玩具要回来。不过，这种现象在逐渐地消失，也没有发生特别严重的事情。现在，弟弟已经 18 个月大了。姐姐的嫉妒又出现了，这一次是因为弟弟开始走路和活动了，以及弟弟能做姐姐做的事情了。”

“姐弟之间开始有竞争了。”

“是的，我们感觉到的确是这样。她现在要安置她的东西——我总是告诉她：‘把你的东西放到桌子上，那里弟弟够不着，’可是她偏要把她的东西放在低的地方。于是她刚刚一转身，弟弟就过来了，并把姐姐的东西扔得到处都是。她就要发疯了——但是，她对弟弟非常地有耐心。”

温尼科特

当小女孩儿差不多 3 岁的时候，她的弟弟出生了。她对弟弟的出生感到很兴奋，但当她的弟弟坐在妈妈的膝盖上时，她感觉自己的地位被小宝宝取代了，于是她就爬到了父亲的膝盖上来获得心理平衡。当弟弟 1 岁的时候，她 4 岁了，开始对弟弟要她的玩具感到怨恨，甚至那些她已经好久不玩的玩具也不行。你们注意到了以下这个现象了吗？姐姐把她的玩具放到了弟弟可以拿到的地方。她妈妈说，大多数时候她对弟弟非常有耐心。我感觉，姐姐其实愿意让弟弟得到她的玩具，尽管她表达出反对的态度；姐姐也许既从弟弟的立场，同时也从她自己的角度来考虑这个事情。

你们已经听到了所有故事，那么会不会像我一样认为，这些嫉妒的表现是健康家庭生活中的一部分呢？

※ ※ ※

我一直在问我自己这样的问题：嫉妒是如何开始的？什么时候开始的？而且在词汇“嫉妒”（jealousy）或“嫉羡”（envy）开始被使用以及具有意义之前，什么是必须要存在的？

这里我引入了词汇“嫉羡”（envy），因为“嫉妒”和“嫉羡”的意义非常接近，一个嫉妒新出生宝宝的孩子，同时也嫉羡新生宝宝所拥有的母亲的关注。我注意到，谈论小宝宝的那些妈妈们，都没有谈到任何 15 个月以下孩子的嫉妒。我想知道大家关于这个现象的看法。我认为，嫉妒或嫉羡的证据被探查到的年龄，是要早于 15 个月的，但并不会太早。比如，9 个月的孩子可能太小了，太不成熟了，还不会产生嫉妒。1 岁的孩子可能不会或偶尔会表现出嫉妒来，但 15 个月大的孩子就肯定会表现出来。随着孩子逐渐地长大，嫉妒也更为复杂。但在一开始，嫉妒很明显是和一段被干扰的关系有关的，或者明显地和对代表关系的拥有物的威胁有关。嫉妒产生的基础是与母亲关系发生的某种变化，而随着时间的推移，最终也会涉及与父亲的关系。我们发现，许多早期的嫉妒很显然是和母亲有关的，并经常围绕着喂养这个主题。嫉妒之所以以喂养为中心，是因为对于婴儿来说，在生命的起初，喂奶是如此的至关重要。对于母亲来说，喂奶只是她为宝宝所做许多事情中的一件，但也非常重要。接下来，我们会再展现一些母亲之间讨论的片段。

妈妈们

“2 个孩子之间相差 22 个月。当第 2 个孩子出生时——我是在自己家里生的——我的大儿子看见了小婴儿，那时小婴儿刚刚出生几分钟，后来大概有几天时间没出现什么问题。再后来大儿子碰巧看见我正在给小婴儿喂奶，从那次起，每当我给小婴儿喂奶的时候，大儿子都会站在我旁边尖叫，这一情况大概持续了 2 个多月，对此我毫无办法。我尝试了一切可以做的，想让那个孩子平静下来，并尽我所能去安慰他，但是当你在喂小婴儿奶的时候，这是非常困难的。他就站在旁边，不停地尖叫着。过了大约 2 个月之后，他似乎完全克服了自己的嫉妒。然后，当第 2 个孩子在大约 7、8 个月大、开始能够坐立的时候，我们再一次看到了大儿子与之前相同的表现，这一次不是尖叫，而是直接表现出了嫉妒。”

“我的孩子稍微小点。非常有趣的是，虽然她不曾吸过奶瓶——可能偶尔吸过，但她已经忘记了如何吸吮了——但最近开始吸奶瓶了，我感到非常吃惊。每当我喂小婴儿奶时，她就也想试一试。我想，好的，喝吧！可是她又不喝了——一旦靠近奶瓶，她就会感到恶心。我想，如果你想喝，那就试试啊，我们看看会怎么样——而她试着吸了几次奶瓶——她前几天还真的吸了奶瓶，就像是在开玩笑一样。我根本就没有去阻止她吸奶瓶，我说：‘来啊，试着吸一下。’而她却说不想吸了。但是当小宝宝吸奶瓶的时候，她也喜欢拿着一个瓶子在一旁。我给了她一个很小的瓶子，可怜的很，手里拿着一个很小的瓶子作为奶瓶的象征。”

“每当我给小女儿喂奶的时候，我的大女儿都要坐在我的膝盖上，而我是母乳喂养的，你们可以想象那个场景，完全是一团糟。（大笑起来）你们知道吗，她很喜欢这样，她用手轻轻拍着小宝宝的头，并轻轻抚弄着……那时候她才 17 个月大，这种情境非常与众不同。”

“我们家年长的 2 个孩子之间也有嫉妒，而第 2 个与第 3 个孩子之间却没有嫉妒。但是当第 2 个孩子出生时，我可爱的大女儿，她总想爬到我丈夫的膝盖上，想拥有一些特殊的待遇。或者当我喂小婴儿吃奶的时候，她想让我给她读书，诸如此类，这个阶段后来就过去了，现在小儿子已经 17 个月了。我们经历过糟糕的争斗经历，无论是一个孩子拥有什么，另一个孩子总是想要。而小儿子现在——女儿要比弟弟大 3 岁，有段时间她能够从弟弟那里拿到任何东西——无论拿到什么，他都会非常紧紧地抓住那个东西不放，并大声叫喊——不是哭泣，而是真正地朝姐姐猛烈地叫喊和抗议。但是，他们 2 人都表现出非常喜欢最小的那个孩子，他们似乎都不嫉妒最后出生的那个小孩。”

“当孩子们只是为了各自拥有的东西而争斗的时候，那确实不是嫉妒，它是……”

“那是因为孩子们想吸引我的注意。”

“噢，我明白了。”

“你看，我给弟弟一个婴儿玩具——这个玩具是姐姐以前的，长大后完全不需要了——就是因为我把这个玩具给了弟弟，于是她就马上要这个玩具；而如果我不曾把这个玩具拿给弟弟，只是把玩具放在桌子上，姐姐想要的话，她是可以拿到玩具的，那么她就完全不会注意到那个玩具。”

温尼科特

从这段讨论中，大家可以看到许多现象都是与喂养有关的。我想用对话中最后一点内容，来表明我的观点。我想到了那个经常公开表达对第 2 个小宝宝的嫉妒的小女孩，第 2 个小宝宝是一个男孩，一段时间之后，这种嫉妒逐渐消退了。而在小男孩 17 个月大时，他们之间又出现了针对玩具的争斗。但是，这一次姐姐的表现方式不一样，并且小弟弟也只是紧紧地握住玩具，并大声叫喊抗议。一位母亲说：“那不是嫉妒，那只是一种关于拥有物的争斗。”我同意这位母亲的看法，但是恰恰正是如此，我们能够看到嫉妒发展的方式。我之前说存在一个嫉妒的年龄。而现在，我认为，在一定的年龄之后，孩子就出现了嫉妒，在那个年龄之前，孩子的表现只是紧紧地抓住玩具或所有物。首先出现的是占有，而稍后才是嫉妒。

我想起了一家剧院，它打出了以下广告标语：“我们拥有你想要的最好座位！”这句话总是让我产生疯狂的嫉妒，想冲出去奔向剧院，以便获得他们拥有的我想要的东西。问题是我还得支付费用。用这个广告词作为例子，我认为，直到特定年龄之前，小男孩或小女孩们总是在宣称：“我有最好的妈妈”之类的话。直到某天，孩子开始声称：“我有最好的妈妈——而你想要她。”这是一种痛苦的新发展成就。

为了搞清楚事件的发生顺序，我们必须往回深入一小步。可以这么说，在小宝宝声称“我有最好的妈妈”之前存在一个阶段。在这个比较早的阶段里，最好的妈妈这一事实是假设中的。这并不是夸大，母亲，以及任何能够代表母亲的东西，婴儿都认为是理所当然存在的。然后，才出现了这样的感受：“我有最好的妈妈。”而且这标志着婴儿开始理解到妈妈并不仅仅是自己自体的一部分了，她来自于婴儿的外部世界，而且她有可能不会随叫随到，而世界上还有其他妈妈。对于婴儿来说，妈妈现在变成了自己的一种私有物，而且是一种可以被抓牢或放弃的私有物。这一切都有待孩子的发展，我们称这种发展为情绪发展。在这之后，口号的后半部分就出现了：“你想要她。”但这还不是嫉妒，这属于一种对私有物的防御和保护。此时，孩子仅仅是粘着妈妈，保护妈妈不要被抢走。比如要是影院会抢走妈妈，那我们就不能让妈妈去影剧院了。然后，终于有一天婴儿认识到了，最重要的私有物——妈妈，也可能是属于其他人的。自己成为了想要妈妈的人的其中之一，而不再是拥有妈妈的人的其中之一了，另一个拥有妈妈的人出现了。就在这个时候，嫉妒成为了一个恰当的、用来描述孩子内心里某种变化的词汇。此时，一个新的婴儿出现了，他就像是自己过去自体的幽灵一样，被乳房喂养着，或者安静地躺在婴儿车之中。

我要再次重复。我提到了婴儿早期阶段，在此阶段中令婴儿满意的东西会被他看作是自体的一部分，或者这些东西仿佛是顺应婴儿需要创造的。对于小婴儿来说，环境中来来往往的变化是理所当然的。于是他爱着的事和人就会变成婴儿外部世界的一部分，成为婴儿所拥有或丧失的私有物。任何所有权丧失的威胁都会导致痛苦，并使婴儿激烈地粘附并试图牢牢地抓住客体。经过一段时间，婴儿进一步发展，他开始恐吓和威胁别人，憎恨任何需要母亲关注的新客体，诸如一个新出生的宝宝，或者仅仅是妈妈正在读的一本书。

可以说这时候嫉妒已经出现了。孩子们嫉妒新出生的宝宝或书，并且尽一切努力要重新获取失去的地位，甚至这种努力只持续了一段时间，或只以象征的方式来表达。所以，在嫉妒第一次出现的时候，我们常常看到的现象是，孩子想方设法要变回婴儿，甚至哪怕只是象征上的或暂时的。他们甚至想重新体验一下妈妈乳房喂奶的感受。但是，通常情况下他们只是很渴望找回自己在独享私人财产（妈妈）时被对待的感觉，这样他们仿佛又成了那个完全拥有妈妈的人，而且那时别人没有妈妈、也不想要妈妈。你们可能还记得上星期的节目中，妈妈们讨论的那个又开始出现尿床现象的孩子。你们可能恰好也听到了一位妈妈给了大孩子一个小瓶子的讨论：那个母亲说，这是一种象征。

随着时间一天天逝去，考虑到孩子即将会面对的事情，大家可以很容易理解为什么孩子需要有一个可靠的环境。而你们比任何人都更加适合提供这种可靠的环境。大家可能会经常想知道事情做的是对是错。但是，从孩子成长和发展的角度来看待事情，会是更加有趣的方式。

※ ※ ※

妈妈们的讨论显示，嫉妒会自然地消失，而我想检验这种消失是如何发生的。事情取决于孩子的发展。我想大家很好奇孩子发展到了什么程度。当发展遇到问题时——这是肯定会发生的——盲目地处理会使你处于不利地位。如果父母知道并理解发生了什么事情，就不会对别人随意的指责和评论那么敏感了。

孩子以三种方式结束他们的嫉妒。在第一种方式中，嫉妒是当孩子处于一种尖锐冲突的状态时的表现。外在表现可能只是焦虑，只有孩子知道是怎么回事。处于嫉妒中的孩子实际上正在体验着同时存在的爱恨两种情感，这会让他们很是害怕。让我们想象一下处于这种状态中的孩子。一开始，对于孩子来说，或许看着新出生的小宝宝被照护或喂奶也是件趣事。然而，逐渐地他会意识到，这个新出生的小宝宝并不是他（她）自己，而是另一个人，而妈妈对那个小宝宝的爱让孩子产生了极端的愤怒——对新宝宝的愤怒、对妈妈的愤怒，或者对任何事情的愤怒。在一段时期之内，孩子只知道自己生气了。有一些愤怒被表达了：孩子尖叫着、踢打着、击打着、把一切搞得乱七八糟。在想象中把所有一切都破坏掉、摧毁掉。而让他发展的是：这个世界在他的破坏下幸存了下来，小宝宝幸存了下来，妈妈也幸存了下来。新的发展就是孩子对这种幸存的认识。接下来，小孩子开始以现实为依据区分自己的幻想。在孩子的想象中，世界被愤怒所摧毁，就像是被原子弹摧毁一样。但是，这个世界在摧毁下幸存了，而母亲对待自己的态度并没有发生变化，还跟原来一样。

因此孩子意识到，在想象中摧毁或者表达恨是安全的。在此帮助下，孩子仅凭小小的尖叫、击打、踢打，就可以获得满足，而这些做法其实都是适当的行为。

在几个星期之内，随着感受到的继续存在的爱，以及与理想中的摧毁相叠加后更为复杂的爱，嫉妒渐渐消寂。我们在观察中会看到一个时而难过时而悲伤的孩子。想到爱某个东西或某个人，而这种爱会带来伤害，其实是件挺悲伤的事。

从嫉妒中进一步的解脱来自于这样的事实，即在具有摧毁性元素的梦中，受伤害的东西可能是一些能够代表婴儿或母亲的东西，或许是一只猫、一只狗、一把椅子。随着孩子的悲伤而来的是他们在某种程度上对小婴儿的关心，或者对其他嫉妒的客体的关心。不过妈妈们明白她们最开始是不能信赖孩子的这种关心的，因为在一段时期之内，这种关心很容易会转换成一种嫉妒性地攻击。如果周围没有大人，那么大孩子就可能会伤害小婴儿。

此处的关键是，孩子想象性的生活开始运作了，而且开始将孩子从直接付诸行动的需求中解脱出来。同时，这也给了孩子发展出责任感的机会。我认为嫉妒结束的第二个方式是，孩子通过不断增长的能力汲取满意的体验，并把这些体验变成自体的一部分。这些好的记忆体验逐渐在孩子的内心中形成并积累下来。这是一些被很好照顾和关怀的体验；一些友好感受的体验；沐浴体验；大声喊叫的畅快体验；微笑着的欢乐体验；发现所期待的东西比预期得更好的体验。当然，还有基础的、带来满足感的体验，尤其是喂食所带来的狂欢的体验。

所有的这些事情和体验被集中起来，统称为母亲这一理念，或父母这一理念。嫉妒通常不会出现在大孩子身上的一个原因，是他们有过足够多的嫉妒了，足以有所宽饶。

第三种方式比较复杂。它与孩子有能力体验其他人的感受有关。我们称之为换位思考的能力。但是，当这里的“其他人”是指一个正在吃母乳，或正在接受沐浴、正躺在小床中睡觉的小婴儿时，这种说法似乎有点好笑。而小孩子能够做到这一点吗？有些孩子确实需要花很长的时间——甚至好几年——才能够让自己不但能领会别人的观点，还能够欣赏其他人与自己不同的生活方式。我们很容易就能看到孩子们——男孩和女孩——与妈妈认同的现象。当孩子们扮演着妈妈，想象着自己进入了妈妈的角色的同时，他们使妈妈成为了真实的母亲。下面的一些讨论内容例证了这个过程。

妈妈们

“G 夫人，你家新出生的孩子表现如何？”

“噢，他们没有——两个大孩子都没有——对新出生的宝宝表现出任何嫉妒，但是他们彼此之间都表现出了嫉妒。他们嫉妒对方触摸新出生的宝宝，或者嫉妒对方爱抚宝宝或抱宝宝。”

“有一点竞争？”

“是的。比如我把宝宝放在膝盖上面坐着，小女孩跑过来对着宝宝说话。这时，另一个 18 个月大的孩子马上就来劲了，努力用自己的肘部要把小女孩推开，不让她看宝宝一眼。似乎就谁将会拥有宝宝开始了一些激烈的竞争。”

“你是怎么做的呢？”

“噢，我伸出了双臂保护着宝宝。然后看到他们都挪动开一些，以便给小宝宝呼吸的空间。”

“这种情形经常发生吗？”

“是的，我觉得是……他们会开始拉扯宝宝，‘轮到我抱一抱小宝宝了’，或者‘轮到她了’。而因为小宝宝太小了，我不能让她们抱着，必须放在我膝盖上。最后的情形是她们两个都坐了下来，我把小宝宝递给其中的一个孩子，但并没有放手，然后开始从一数到十：‘好了，现在该下一个人抱小宝宝了。’这是一个好主意，但并不能真正起作用。”

温尼科特

下面是另一个例子，一个小女孩似乎认同了她的小婴儿弟弟。

妈妈们

“直到她弟弟大约 1 岁左右时，嫉妒阶段基本过去了，这种情绪就基本平静了，那个时候弟弟可以下床在游戏围栏之类的保护下走动了。我们在玩具方面遇到过相当多的麻烦。我把她曾经玩过的玩具拿出来给小弟弟玩，当然她认的出来那些玩具，并说：‘那是我的，那是我的！那是我的玩具！’而且她还重返婴儿的玩具时期。我发现，我得再多买一些婴儿玩具专门给弟弟玩，否则家里会不得安宁。”

“姐姐真的是想玩那些玩具吗？”

“不，不，不是这样的。她不会去摸弟弟的玩具，但如果她看见弟弟正在玩她的玩具，甚至是那些两年来她碰都不碰的玩具，她都要把那些玩具要回来。不过，这种现象在逐渐地消失，也没有发生特别严重的事情。现在，弟弟已经 18 个月大了。姐姐的嫉妒又出现了，这一次是因为弟弟开始走路和活动了，以及弟弟能做姐姐做的事情了。”

“姐弟之间开始有竞争了。”

“是的，我们感觉的确是这样。她现在要安置她的东西——我总是告诉她：‘把你的东西放到桌子上，那里弟弟够不着，’可是她偏要把她的东西放在低的地方。于是她刚刚一转身，弟弟就过来了，并把姐姐的东西扔得到处都是。她就要发疯了——但是，她对弟弟非常地有耐心。”

温尼科特

我们在第一次有关嫉妒的节目中用过这段对话，那时候我说：“我感觉，姐姐其实愿意让弟弟得到她的玩具，尽管她表达出了反对的态度。”我还补充道：“姐姐也许既从弟弟的立场，同时也从她自己的角度来考虑这个事情。”如果女孩确实能够做到这一步，而且并不会失去那些切实的自体体验，那么在想象中经历其他人的体验的能力，会给女孩带来巨大的丰富收获。这也是儿童有能力开始进行游戏的方式之一，在想象性游戏中，让自己认同其他人和事物的过程是不被限制的。他可能是一个吸尘器或者是一匹马；可能是一位女王或一个王子；可能是新生的婴儿或者正在喂养婴儿的母亲；可能是父亲。我们无法让一个孩子产生游戏的能力，但是通过保护、容忍和等待，以及通过不假思索做的很多事情，我们可以帮助并促进孩子发展出游戏的能力。这一主题还有很多有待讨论，但目前的内容也许足以表明，嫉妒的消失是经由始终如一地精心照料带来的发展。

※ ※ ※

我认为嫉妒是孩子成长发展过程中的一种健康和正常的现象。在某种程度上，嫉妒意味着孩子们已经具备了爱的能力，而且在发展中取得了相当大的进展，已经离开了一开始的那种完全不成熟的状态。我也谈到了孩子的发展使嫉妒不会固着成性格特征。我始终强调：没有父母提供的重要条件，婴幼儿的发展是不能很好的实现的。这个重要条件是指孩子能够在生动的关系中找到自己存在的可靠感，这种存活关系取决于父母是否能以真实的样子存在。

在这种一般条件的基础上，你们所做的一些特别的事情带来了不一样的变化。例如，你们帮助孩子预测即将要发生的事情。当你知道婴儿生活中会发生大变时，就会设法发出一些信号。如果你增添了一种新的食物，带来一种新的味道，并以适当的方式介绍给婴儿，他会很快接受你已经准备好的新食物。当你又怀孕了，将会有一个新的婴儿时，你也会以同样的方式传递出一种预告信号。你可能觉得如果可以通过言语来传达，一定会更加容易。但我对此表示怀疑。一般来讲，如果孩子已经能够理解语言了，你可以使用言语和故事来解释，甚至可以在图画书的帮助下进行。如果这时还不用言语来解释就很有趣了。但是，在能够使用言语做解释的很长一段时间之前，你们的态度会对孩子产生影响，带来不一样的效果。例如，如果你很开心新生命的孕育，那么你可能会逐渐地让大孩子理解，为什么现在坐在你膝盖上与过去不一样了。你的孩子会开始感受到，肚子里现在有什么很重要的东西。很多人并不能轻易接受自己怀孕这件事，也很难接受怀孕给她们带来的一些变化，如果你碰巧也是这样（这样的人很多），那么你可能会对此闭口不谈，而即将在很大程度上受到新生儿影响的孩子是没有任何准备的。如果受影响的那个小孩年龄稍微大，可能会更容易接受些。下面我们听听这些谈话。

妈妈们

“罗杰（Roger）出生时，我感到非常焦虑。你们知道，我已经有两个女儿了，一个 14 岁，一个 13 岁，我想趁着还能生的时候再要一个。我不知道能做些什么，于是就与 2 个女儿详细地讨论了再要一个小孩子的事情，问她们同不同意我再生一个孩子。在你实际怀上孩子之前，先与其他孩子讨论这个事情其实有点奇怪，但我认为这并不是一个坏主意。而 2 个女儿听我说了之后感到很高兴，一致认为这是件令人愉快的事情，她们很想再有一个小宝宝。我们一致认为，最好能生一个男孩儿。那时候我的小女儿苏珊（Susan）正好 13 岁——罗杰是个早产儿，并且是我告诉助产士已经开始分娩了的——助产士告诉苏珊，她可以进来看妈妈生小孩。那时苏珊还没有去上学，蹦蹦跳跳的就进来了，而我正处在宫缩的疼痛之中，我说——做了一个深呼吸，并想着我一定要保住这个孩子的性命——'噢，这是一种分娩痛，这就是你总是唠唠叨叨说的那种疼痛。'她用手掌在我的后背上深情地拍了拍，说道：'我猜想你还需要几个小时。放学后再见。'然后她就上学去了。而她现在就要有她自己的小宝宝了，预产期是下个月，我想她非常地享受当一个妈妈。我认为，她早就做好了当妈妈的准备。"

温尼科特

刚刚的那个女孩已经 13 岁了，母亲也对她说了要再生一个孩子，但我认为真正起作用的是母亲的态度。又该怎样对待那些更加年幼的孩子呢？一两岁的孩子甚至还懂不了为什么今年 2 月有 29 天。但是，对于这些一两岁的孩子来说，他们极有可能感觉自己像是小婴儿的妈妈。我谈论的是孩子的感受而不是理智。大部分 1 岁多的孩子都会拥有对他们来说非常特别的客体，而他们时常会用有一点粗鲁的方式照顾和对待这些客体，过不了多久，他们就会玩起妈妈和小宝宝的游戏。

我说过，你们可以帮助孩子预测将要发生什么。你们还可以做一些其他的事情。比如，你们要尽可能的公平，这很难做到，但你们只能去尝试。你们不要偏爱某一个孩子，当然，除了在一开始的时候，那时新生儿需要感受到他（她）拥有了全部的你们。你们和孩子的父亲以各种各样的方式共担责任。而当孩子对母亲、以及母亲对新婴儿的全神贯注感到不满时，他自然而然地就会转向父亲。绝大多数父亲们都愿意成为一个对孩子有帮助的人，而且他们对花太多的时间外出工作是很反感的，他们不愿意成为对家庭没有实际作用的人。

然后总的来说，你们不能把其他孩子的珍贵物品送给新的孩子，但是你们可以让每一个孩子都开始重新整理物品并赋予特殊意义。这样一来，尽管孩子身上正在发生的巨大发展是因为他们能够依靠你们，你们也确实也做了很多事情来应对应激事件。

我预期，你们也有体会，家庭生活往往会牵扯到巨大的感受，而实际上小孩子所能感受到的事情并不比我们少。我对孩子们不能深入感受更多事情的这种看法表示怀疑。我们成年人会把重新发现自己在幼儿期的某种强烈的体验当作一件幸运的事。而小孩子不但能够以最大的强度去感受，还无法把注意力从烦扰他们的事情上转移开。他们不会处理或避开那些极其痛苦的感受，这就是他们大喊大叫的原因。而且这也是为什么当你们可以帮助小孩子预测那些即将发生的、不寻常的事情时，会带来如此不同的影响。

在等待一个预期事件发生期间，孩子的人格内部会建立起一些防御。这有点像游戏桌子上的情境，孩子安排一队玩具士兵去防御或进攻一个堡垒。我认为小孩子的感受非常强烈，各种焦虑和冲突对于小孩子来说是如此的痛苦，以至于他们不得不在人格内部组织起各种防御。在此处讨论中，我还想谈及一点和异常的嫉妒之情有关的。在发展中经常会出现一些问题，要么是嫉妒并不消失，并且转化为公开的嫉妒；要么嫉妒继续在暗中作祟。可以这么说，异常的嫉妒会扭曲孩子的人格。

在抚养孩子的过程中，尽善尽美是没有任何意义的。很多养育中的问题可以及时修复，或者可以弥补得足够好，以至于问题不再表现出来。但是，有些问题是不能修复的。我反复声称嫉妒是一种正常和健康的现象时，指的是小孩子的嫉妒。在人格的成长和发展过程中，每一个男孩或女孩最终都会发展出一种容忍嫉妒感受、保持安静、以及利用嫉妒作为激励而积极行动的能力。你可以容忍你的朋友拥有的东西要比你的更好，并且能相当平和地等待，或许之后你会得到一样好的东西，或许你会很高兴地买到与之媲美的其他东西。你会仔细权衡估量某种事情。我认为你拥有的很多东西也是令其他人嫉羡的。这是生活的一部分，也是与人一起相处的一部分。

你逐渐长大了，有能力轻松地处理这些事情了。正如我说的那样，你只利用一点点等待时机的能力便可以开始有效地行动。但是，总会有一些人，他们有着持久扭曲的人格。你也许可能想起一个嫉妒的邻居或类似的人，他们会设法激起周围人对他们的嫉妒反应，而通常他们并不知道自己做了什么。这些人是不快乐的，会让与他们在一起的人感到不舒服，而我并不认为这种类型的嫉妒是健康的。

在讨论中，有一位特别诚实的母亲谈到了她自己，以及她是如何持续地嫉妒她弟弟的：

妈妈们

“我只有一个孩子……3 岁的时候，妈妈给我生了一个弟弟。我认为这种事情并不有趣。在我上小学时，我还是很嫉妒他，经常咬他……他从来也不知道我嫉妒他，也不介意，而我永远不承认我嫉妒他……甚至到现在——我 29 岁了，我的弟弟 26 岁了——而我们的妈妈会说：‘我给威廉（William）买了什么什么。’而我会说：‘噢，是吗？’就有种‘我一点也不在乎。’的感觉。她说：‘我该给你买什么呢？’接着她就会认真地跟我说，她给弟弟威廉花了多少钱，保证也给我花同样多的钱。她给弟弟买了一个图章戒指……我知道这很蠢，挺尖酸的。我都结婚了，而弟弟还没有结婚，他需要一个戒指。

可是如果妈妈为弟弟买了一个图章戒指，我马上就会感到不公平，并对她说：‘难道他自己不能买吗？’一周之后，我得到了一只诞生石戒指。”

温尼科特

我们可以肯定，对于那些天性嫉妒的人来说，在童年早期嫉妒发展阶段时，他们曾经有过正当嫉妒的缘由。不幸的是他们当时没有明确的机会去表达愤怒、嫉妒的情绪和攻击性。而对于正常发展的孩子来说，在嫉妒阶段，这些表达都被视为是合情合理且可以控制的。如果孩子在那个阶段有过这样的表达机会，他们就有可能顺利地度过嫉妒阶段，像大多数孩子那样发展出健康的嫉妒能力。反之，嫉妒就深入性格内部，而真正会产生嫉妒的原因也迷失了，错误嫉妒的原因会不断地出现，一直持续到成年，并且认为自己的嫉妒是有理由的。要预防这种性格扭曲，就要在孩子的发展早期给予关怀，让他们能够在适当的发展阶段去充分地体验嫉妒。我认为：健康的嫉妒可以转化成为竞争的动力和雄心壮志。

写于 1960 年

第六章

为人父母也会烦

温尼科特

一些人会震惊于自己对孩子有着除了爱之外的其他感受。在听到下面的交谈后，你们会发现，这些人碰巧是那些相当确信爱的存在的人。她们认为爱是理所当然的，而且他们并不羞于谈论家庭生活的阴暗面。这些母亲被要求谈谈她们觉得什么事情令人厌烦，而且她们在接受谈话节目邀请时并没有表现出为难。

妈妈们

“我邀请你们今天下午到这里来，谈谈你们身为母亲所感到的烦心事。W夫人，先从你开始，你有几个孩子呀？”

“我有 7 个孩子，年龄从 3 岁到 20 岁。”

“你有没有觉得做母亲是一个相当令人厌烦的工作呢？”

“噢，是的，我同意你的看法。坦诚的讲，我认为总的来说确实很烦。家庭中真正麻烦的在于那些令人恼火的鸡毛蒜皮的小事，比如要经常地整理收拾，还总是要跑来跑去努力让小孩子们睡觉——诸如此类的小事情最烦人了。”

“A 夫人，你呢？”

“我只有 2 个孩子，一个是学步期幼儿，另一个还是小宝宝。总是那个学步期幼儿惹我烦。就像 W 夫人那样，惹烦我的都是一些小事情，还有缺乏与孩子们一起游戏的时间这个情况——我似乎总是匆匆忙忙的。而我的小儿子总是做一些令人担心的事情，一眨眼的工夫，他就已经准备好跑出去了。”

“S 夫人，你怎样看？”

“我有 2 个女孩，一个 3 岁了，另一个只有 1 岁。我想我同意前面两位妈妈的说法——时间确实是个大问题，永远也不会有足够的时间去做那些我喜欢做的事情。”

“你的意思是，你还有比照顾小孩子更喜欢做的事情，而你没有时间做它们——这些事情是为了你自己吗？”

“嗯，是的。我确实很喜欢照顾小孩子——总的来说，我觉得照顾孩子是一项相当有回报，但却非常忙碌的工作。特别是我劳累的时候，照顾小孩子非常不容易。我有时会感到很累。我有尽最大努力不要让自己太累，但这确实非常不容易啊……”

“你认为让母亲疲劳的原因是什么？是在有限的时间里有太多要做的事情吗？还是照顾孩子本身就是面对困境的一种战斗？”

“我认为是在有限的时间里面需要做的事情太多了。比如在晚上六点的就寝时间，一个孩子喝完了茶，你得去洗刷茶具，还得去给另一个孩子喂奶，而且还要为丈夫准备好晚饭——你需要在 1 个小时内把这些事情都做完。”（大家笑了起来）

温尼科特

这是一个好的开始。在有两三个孩子的情况下，家里是不可能整洁的，思维也没法一直很清晰。带孩子的生活总是显得那么急匆匆，你得时刻留意着时间之类的事情。而孩子——无论最小的孩子多大——还没有成长到一定的年龄，还不能服从并顺应成年人的要求。孩子们认为世界是为了他们而存在的，他们也按照这个假设行事。于是，就出现了疲倦这个很重要的问题。而当一个人感到疲倦时，平时有趣的事情也会变得令人厌烦。而且，如果睡眠不足的话，你们就会与睡眠需求作斗争，这导致你们没有兴趣去享受小孩子们正在做的非常有趣的事情，而这些事情恰恰是孩子们发展的苗头。

你们可能已经注意到了，这次谈论的主题是母亲们的各种感受，而没有讨论她们如何照顾孩子。我们其实很容易理想化母亲的工作。我们都知道，任何工作都会有挫折，会有令人厌烦的常规，以及每个人能够承受的极限。为什么不把照顾婴儿和小孩子的工作也看作是一样的呢？我认为，这些妈妈们不会记得在几年的养育时间里她们的真正感受，而等她们达到了老祖母的平静心境时，她们会非常感兴趣于回忆并玩味那些年轻时养育孩子的甘苦记忆。

妈妈们

"1 小时之内要把所有的事情都做完。"

"每天晚上 5：30 到 7：30，我们都处于一种完全混乱状态……那个时候我们确实不知道如何是好。常规流程总是被意外打乱——奶煮溢锅了，或者发生了其他糟糕的事情，或者甚至猫咪跳上了孩子的床，孩子因为猫在或不在那里没法睡着。而孩子们会不停地下床来看看我在做什么，一团乱。"（妈妈们大笑起来了）

温尼科特

我喜欢那段有关猫在或不在那里的说法！这根本就不是你做的对或错的问题。出问题是做事情的方式，看起来似乎还有其他方式是对的，其实不然。或许你们并没在意那些进展顺利的事情，只注意到了任何稍微出了一点错的事。这些事情都变成了可怕的麻烦，让孩子发出抗议地尖叫。

在下一段讨论中，有一位妈妈指出了一个非常普遍的事情，她感到一些专长技能逐渐生疏了，有些非常有趣的学习机会不得不被无限期推延。

妈妈们

“你们有没有发现，孩子会妨碍你做自己喜欢的事情，比如写小说，或者烤蛋糕，或者任何对你们来说是很特别的事情。”

“是啊，我对社会工作之类的事情非常感兴趣。我很愿意分担任务，或者即使没有时间实践也试着参与其中。而当我发现我不得不待在家里带孩子，不能去做这些想做的事情，我感受到了很大挫折。”

“是的，去年我上了一个缝纫班，我非常喜欢那个课程。可是当第二个孩子来临时，我才发现我的时间安排不过来。我原以为到晚上八点就可以把事情做完。我当时想‘我可真不愿意被困在家庭里。’”

“你有什么想从事的工作吗？”

“当然了，我非常喜欢缝纫工作，当你有了孩子……缝纫就成为了一种非常惹人烦的工作（笑声）……我喜欢缝纫工作，但我很害怕自己会全神贯注地干缝纫活儿忘记其他，所以我宁愿让时间白白流逝掉。我害怕出乱子，而且我也不能很好地掌控时间。我对时间没啥概念，经常会忘记时间。”

“我觉得非常惹人烦的是无论我在上午正在做什么，时间一到就得停下来去准备午饭——对我来说，一颗煮鸡蛋就可以对付的午饭。但是……我还有丈夫，所以我不得不……”（大家一起谈了起来）

温尼科特

在这里的谈话中，丈夫们连同孩子们一起成阻碍者，让妻子（母亲）试图保留自己个人兴趣而付出地努力付诸东流。保留个人兴趣要求专心致志。正是如此，妻子可能很容易就发现了她想当个男人的愿望。她也希望拥有一份美好体面的工作，有常规的办公室时间，有工会的规章制度来保护自己远离做妻子需要面对的那些令人烦恼的事情。我认为在这个阶段，妻子是不可能理解有些男人是多么嫉羡女人们的——因为她们可以待在家里面不用上班。妈妈们在杂乱的家务事，以及婴儿和孩子造成的巨大混乱中体验到了混乱不堪。在此我们可以再次讨论混乱和不整洁这一话题。

妈妈们

“我认为不整洁这个问题非常严峻。我在佣人帮忙收拾的情况下，也要25分钟才能全部收拾完。你可能会认为我已经有两三年不做家务了，但这其实是因为房间里面全是孩子必需要买的玩具，还有撕碎的小纸片。这些东西收拾起来很费时间。我不该有所抱怨——孩子都会这样做，我不应该表现得大惊小怪，但这对于我来说是一个巨大的挫折。你又必须任由孩子们去做这些事情。”

“是啊，我发现我孩子还小的时候、大约4岁左右快要去上学的年龄，他们总想跟着我，我去哪里，他们就去哪里。如果我正在厨房做饭，那就意味着他们也要在厨房，如果我正在楼上做事情，他们也要在楼上呆着。他们不会离开我太远，总是要跟着我。有时候这令我感到非常得厌烦。”

温尼科特

那让某个地方一直乱糟糟的又会如何呢？

妈妈们

“你们有没有发现让孩子们随意在房子的任何地方玩耍更容易？还是说你们会试图把他们限制在自己的屋子里面？”

“我希求孩子们给我留一间整洁的屋子，不要把它也弄得乱糟糟的。但是他们总是把每间屋子都弄得乱糟糟的。”

“你认为有可能把孩子们限制在一个地方玩耍吗？”

“嗯，我不知道自己是否足够幸运，但克里斯多夫（Christopher）似乎明白，他应该在游戏区域内玩耍。”

“他多大了？”

“2 岁零 2 个月。”

“他从游戏区域能看见你吗？”

“不行，游戏区远离厨房，但游戏区和厨房在同一个楼层，所以孩子可以进厨房来——有时候孩子也会来厨房玩耍。当然，有很多人认为这样做是错误的。我不想在孩子和我之间弄一个屏障，但我意识到这点时有点迟了。我们起居室和餐厅的门都是那种带有老式把手的，孩子的小手并不能完全握住那个门把手，他们推不开。因此到目前为止，起居室和餐厅都一直保持整洁。”

温尼科特

毫无办法，我们不得不接受这样的事实，有着两三个孩子的妈妈常常生活在一种困境中。她们一时不知道应该如何是好。也许随着孩子们逐渐长大，生活会重归平静，但或许也不会这样。

妈妈们

“我们每天晚上都会就狗狗们的晚餐进行一场特别争论——由谁去喂狗狗们吃晚餐？我们有一个喂狗值班表，但总是会有一些原因使得应该喂狗的人没有去喂。（众人大笑）这种可怕的争吵，使得狗狗们排着队，至少等 25 分钟才吃的上饭。我突然对发生在这个大家庭中的这种事情感到非常厌烦，不仅仅因为狗狗的晚餐问题，当你坐下来正要吃饭时，突然有一个人说了什么事情，在你搞清楚情况之前——介于事关规则，每个人都在向其他人大喊大叫，想在气势上压倒对方——我们会对所有诸如此类的事情产生激烈地争吵。”

温尼科特

所有这些例子都说明了照顾孩子的过程有太多令人感到厌烦的地方。但同时，孩子们又是被爱着的、被需要的。问题是母亲的隐私和清净被侵入打扰了。当然母亲心中的某个地方是神圣不可侵犯的。但就算是她自己的孩子也不可能到达那个地方吗？她会捍卫自己？还是会投降？最糟糕的是，如果母亲有某些事情是深深地藏在某个地方的，那恰恰就正是小孩子最想知道的；如果是一个秘密，那么这就是孩子要彻底翻个底儿朝天的，比如母亲的手包。我很愿意谈一谈这个让妈妈感到压力的主题。

※ ※ ※

在上周令妈妈感到厌烦的事情的讨论之后，我产生了一个想法，并想特别强调一下：妈妈们的隐私是怎么被侵犯和翻个底儿朝天的？我想搞清楚这一点，因为我认为这与父母感到厌烦，特别妈妈们感到厌烦有很大的关系。

大家知道，这些母亲们都是愿意结婚并喜欢孩子的，她们都很爱自己的孩子，而且方式也很相同。但是，当让她们清楚地说出究竟是什么令她们感到烦恼时，她们的反应又很有趣味。

总有些妈妈会有不同的体验。在极端的情况下，有些妈妈会感到非常糟糕，并且心烦意乱，表现的又糊涂又混乱，她们不得不接受帮助。由于状况一团糟，妈妈变得急躁易怒，没法继续以喜欢的方式行事。在另一个极端的情况下，有些妈妈们并没有表现出感受到了困难或被干扰，她们还能把客厅收拾得整齐和清洁，并且用某种方式让孩子遵循一套规则行事。在大多数时间里，家庭氛围是平静的。这种情况下，妈妈及她们本质上僵化的对错系统占据了主导地位，并控制了整个局面，以至于婴儿和孩子们不论情愿与否，都不得不去适应这种环境。当然，有很多人会因平静和秩序为这种养育方式辩护，但我们要明白的是，一切的前提是不能太过于妨碍孩子自发性的发育和发展。

我们有必要记住一点：有各种各样的父母，也有各种各样的孩子。我们要在此基础上，去讨论这种变化性。并不是说一种类型的父母或孩子是好的，而另一种类型的就不是。但是那种极端方式，通常都意味着某个地方出了什么岔子。

父母们经常会说，在维多利亚时代这是件很容易解决的事情。孩子们通常会被送到托儿所，无论托儿所的保姆做什么，都没有人去考虑她们的工作是在建设还是在破坏孩子的精神健康。但是，即便是在维多利亚时代，绝大部分人也是自己在家里亲自养育孩子的，孩子们会把四周搞得一塌糊涂，噪音漫天，而且也没有穿着硬浆围裙的保姆来帮助。任何时代都有其习俗，但是我认为有些事情总是一样的，小孩子立刻就能进入母亲保守秘密的私人空间是很可怕的。问题是：一个母亲能成功地防范住吗？她能在保持着秘密的同时不剥夺孩子的必需元素——感受到母亲是可触及的吗？从一开始，孩子就处在一种占有母亲的状态，而毫无疑问，在占有欲和独立之间要有一个可及的中转站（中间区域）。

旁观者很容易记得，只有在有限的一段时间之内，母亲对她的孩子是不设防的。一旦母亲有了秘密，她将不再不设防了。母亲将只能心存侥幸，期望一段时间免于被孩子数不清的要求不断烦恼。

对于内心总是保持恰当而平静的母亲来说，她既没有过去，也没有未来。对于她来说，只有存在过的体验，没有还未被探索过的区域，她的世界中没有北极也没有南极，只是一些胆大的探险家发现了某个地点并炒起热度；没有珠穆朗玛峰，只是攀登者到达了山顶占领了它。母亲如海洋一般深不可测，本该充满神秘感，就如月球的背面。但即使是月球的背面，也已经有人登陆并拍照取证了，实证大大减少了本该有的神秘感，使其不再值得崇敬。

什么样的人才能被称之为母亲呢？只能是孩子们真正的母亲！还有一些比较特别的人——那些配合真正的父母一起进行养育工作的保姆们。

你也许会问，把当母亲的烦恼之处付诸言表有什么用处呢？我认为，我们可以通过让母亲在体验痛苦的时候说出苦恼，来帮助她们。如果母亲把一些怨恨压抑住不去表达，那么这些隐藏在爱背后的怨恨就会破坏对孩子的爱。我想这就是为什么我们会咒骂的原因所在。在恰当时候的一句言语表达，可以把所有怨恨聚集在一起，并宣泄出去。这样做之后，我们才可能定下心来，专心致力于新的事情。事实上，我发现引导妈妈们逐渐地接触她们的那些痛苦怨恨是非常有帮助的。其实绝大多数母亲是不需要帮助的，但为了帮助那些有需要的母亲，我曾经写过一份包含了十几条原因的清单，想说明为什么母亲会恨自己的孩子。* 从清单中你们会理解，母亲确实是爱她们孩子的，而且其实她们并不怕直面自己对孩子的其他感受。例如，某个婴儿和妈妈一直期待和想象中的不一样。在某种程度上，母亲画出的一张人物画像可能要比真的孩子更加符合她自己的标准。但真正的孩子不是凭空出现的，经过勤劳而艰苦的过程，他或她才能来到这个世上。无论是在怀孕期间还是在生产期

* 参见 D. W. Winnicott 所著的《通过儿科学到达精神分析》（*Through Paediatrics to Psycho-Analysis*）一书中“反移情中的恨”（Hate in the Countertransference）这个章节。

间，母亲都处于一种危险之中。对于母亲来说，即使整个喂养过程是非常顺利的，这个真正的婴儿依旧会伤害她，特别是在哺乳的时候。母亲逐渐发现，孩子把她视作免费的佣人，并且需要她时时刻刻的关注。在一开始孩子并不关心妈妈的需求和安宁，之后婴儿还会咬伤她，而这一切都出于爱。母亲在一开始就被期待着要全心全意地爱这个小婴儿，无论他是好是坏，是调皮捣蛋还是乖巧听话，都要通通接受。过不了多久，这个小宝宝便开始对妈妈感到失望了，并且会表达出这种失望，小宝宝会拒绝吃下为他（她）提供的好吃的，以至于妈妈会对自身产生怀疑。小宝宝兴奋的爱更像是一种对碗橱的爱，在获得满足之后，妈妈就像是吃剩的橘子皮一样被宝宝丢弃了。我还需要继续列举母亲为什么会恨孩子的其他理由吗?

在生命早期发展阶段中，小宝宝完全不知道妈妈做的有多好，也根本不知道妈妈为了做好养育这件事做出了什么样的牺牲。但是，如果养育中出了错误，那么小宝宝就会用哭喊来抱怨和申诉。在经历了小婴儿整整一个上午的可怕哭喊和发脾气之后，妈妈带着小宝宝出门去购物，碰到的陌生人会跟（她）说：“他真可爱！”或者：“他真是一个令人快乐的、友好的小精灵！”这个小宝宝会向这些陌生人微笑。母亲始终认为，假如一开始她就令孩子感到失望，那么将来会有很长一段时期她要为此付出代价。相反，如果她的养育成功了，她没有任何理由去期待孩子的感恩之情。你们很容易就可以想出很多理由，来证明这个想法的正确性。没准儿你们找不到任何比我选来讨论的更糟糕的事情——孩子对你的蓄意入侵。我将为各位详细解释这一点。

在生命最开始的阶段没什么困难，因为小宝宝在妈妈肚子里面，是妈妈的一部分。打个比方，虽然小宝宝只是一位房客，但是子宫中的他汇合了你曾经所有关于小宝宝的想法。而且实际上一开始他是一个迷，最后才变成了一个小婴儿。在怀孕的 9 个月期间，你有足够的时间发展出一种特殊关系，这个迷也因而具体化成了小宝宝，而且在那个时候，你能认同处在身体中的小宝宝了。为了达到这个状态，你得具备一种相当平静的心理状态，并且得到丈夫的帮助，他应该陪伴着你，为你们二人应对这个世界。

在我看来，这种与小宝宝的特殊关系最终是要结束的，但并不恰好是在出生时。我认为，这种特殊的状态在婴儿出生后还会持续几周，除非不幸发生了某些特殊的情况让你陷入困境，比如不得不留在产科病房，或者不得不解雇一个不合适的保姆，或者丈夫生病了，或者发生了一些其他不好的事情。

如果幸运的话，就不会有什么麻烦的事情发生了，那种特殊的状态也开始逐渐结束。然后，你将重建自己，作为一个成熟的人继续生活在这个世界中，这大概需要几个月的时间。你的孩子需要你有能力完成这些事情，尽管这个过程会给他带来一些痛苦。这时，一场巨大的磨难开始了——小婴儿，这个已经不再是个未知的迷的个体——要你展示给他你全部的秘密。尽管这是一场毫无成功希望的战争，你的孩子向你提出了一个接一个的要求，但你能提供的永远不够，新的要求必定会被不断提出。不管怎样，你正在恢复自己的独立状态，而且你的秘密会变得越来越难以接近。

然而完全恢复是不可能的，那意味着你已经结束了作为一个父亲或母亲的角色。当然，如果你有两三个孩子，那么相同的过程会反复出现。而等你能够环顾四周，明白自己在这个世界中所处位置时，你可能已经 45 岁了。

我开启了一个很大的主题，只剩少许时间补充一点。在与无数妈妈们的谈话中，以及从观察她们孩子的成长中，我相信最好的母亲是那些从一开始就放弃的母亲。她们失去了所有，但收获了经过一段时间就能够恢复的能力。因为她们的孩子逐渐放弃了那种无止境的索求，而且孩子们为他们的母亲是具有自己权利的个体而感到高兴，事实也如此，母亲们很快就恢复了。

你们也许知道，那些被剥夺了某些家庭生活基本要素（我们曾经讨论过）的孩子们，可能会有一种永久的怨恨感。他们长期对一些事情怀恨在心，但是他们并不知道所恨的事情是什么，而社会将对他们施加束缚。这些孩子被称为违背社会公德的人（反社会者）。

这些母亲讲述了她们争分夺秒不让自己的孩子搞乱一切并为之持续不断

地斗争的故事。我对她们的成功抱有相当大的希望。这个战场最后并不会尸横遍野，而是会孕育出具有个性的孩子，他们是没有被剥夺过的。他们不是问题儿童，也不是行为不良的孩子。当这些孩子们长成青少年，他们每一个人都能够站在独立的立场上，主张自己的权利。当你的孩子有能力凭借他们自己的力量存在时，你就也能凭借自己的力量存在。你担当起做自己的责任，守住了秘密，你就回到了（尽管不太相同）被孩子烦扰之前的状态。

※ ※ ※

上个星期，我主导了全部讨论，挑选出妈妈们提出的问题中的一个方面，因为我想这个方面可能比较重要。我清楚养育婴儿的妈妈们通常会感到疲劳，并且经常缺乏睡眠。但我选择讨论妈妈失去隐私感的这个主题。在这个星期，我将重新回到关于疲劳的讨论。在下面呈现的摘录中，你将会看到孩子之间发生的两败俱伤地争斗，你也会看到这种争执对母亲的神经施加的影响。

妈妈们

“我发现孩子们吵得非常厉害。我真想知道为什么。孩子们像是死敌而不是相亲相爱的兄弟姊妹，他们互相打架、大声争吵。我认为，他们在表面上争斗，但背后彼此是相爱的。如果有一个外人加入，他们会马上团结起来，互相支持。或者假如有一个孩子生病了，其他孩子就会立即停止打闹，把生病的孩子带回家。但他们会从早上一直吵到晚上，我想起这种情况就很心烦，一进来就听到孩子们说：‘你做了。’‘不！我没做。’‘是的，你一定做了。’‘是的，我会做的。’‘不，我不会做。’‘是的，你会做的。’‘我恨你。’房门‘砰’的一声关上了，他们开始互相厮打起来。就是这样！我只有赶紧冲过去把他们拉开，然后他们会继续拼命地争吵。”

“我想这是一种消磨精力的方式吧——神经上或其他方面。”

“希望是。但这真的非常气人。”

“对母亲的神经来说是很糟糕的刺激。我记的以前也发生过类似的事情。过去我和妹妹经常发生口角……而且我经常让妈妈感到伤心。”

“这对妈妈的体力和心力都是种消耗。实际上，这真的不算什么问题。我认为真正的问题是那种不寻常的事……比如说某种危机（大家谈论了起来）……这只是日常生活中常见的小事情，就像滴水穿石一样，难道不是吗？滴答，滴答，滴答。”

温尼科特

是的，滴答，滴答，滴答！目的是为了什么呢？万事都有其目的。上个星期我说过，每个孩子都处于正常成长之中，并且要求得到该有的东西。而现在我想再补充一点，不管那时孩子发现什么，他们都会想要使用它，并且要使劲消耗它。在使用时，他们是不分昼夜、绝不留情、毫无商量余地的。通常，孩子不在乎妈妈的状态，会尽可能的支使她，探查和发掘着母亲的精力阈值，用无聊的重复来让她筋疲力尽。在养育孩子的过程中，母亲的主要任务是让自己幸存下来。无聊的重复是要进入下个阶段的预示。

妈妈们

“我们有讲‘晚安’故事的习惯，这确实让我感觉很烦，因为我每个晚上都得给孩子们讲故事——当然了，如果我们外出，孩子们是能理解的—— 孩子们……”

“是的，孩子们能理解。”

“你不能缩短讲故事的时间……一切都要和平常一样——每个晚上都必须讲故事，不管你是病了，或死了，或正处在死亡边缘——你必须要讲两个烦

人的故事，而我认为有时候的确……”（大家又讨论了起来）

“是的，我很想拿起那本书，把它给撕碎。”

温尼科特

“……把它给撕碎。”可能会有很多听众曾经也说过类似的话，他们听到这句话一定会感到高兴。然而，晚安故事将会继续准时重复下去。孩子们需要这种重复，他们可以了解到故事的每一个细节，这个过程也不会有令人惊讶的部分。恰恰就是这种不会出现意外的确定性，有助于使孩子们变得宁静，为渐渐入眠做好准备。

下一个讨论主题涉及“无回报阶段”，这个阶段是指，一个正在顺利发展的孩子，由于某种原因，突然退行到毫无同情心，或出现明显对立和违抗的那个时期。在下面的例子里，小女孩通过使自己变得像个小婴儿一样，放弃已获得的发展成就，从而处理她对弟弟妹妹出生的嫉妒情绪。

妈妈们

“我的大女儿已经 9 个月大了，可以自己穿衣服了。但她突然决定不再自己动手，她完全是有能力的。她不会拉衣服拉链了，也不会扣拉链后面的纽扣了，但她又能把前面的纽扣扣上。她会说‘不会’，似乎打算做一个小宝宝，而且她会像一个小婴儿那样躺在我的大腿上。现在，我不得不早上为两个孩子穿衣服，晚上为两个孩子脱衣服。”

“噢，我能想象到让孩子们自己穿衣服这种事儿多麻烦。我还没遇上，因为他还不会自己穿衣服，但我知道对我来说这将会是一个烦心事——看着孩子慢慢腾腾地穿衣服，还总是把衣服穿反（大家又讨论了起来）……我难以忍受——我喜欢雷厉风行地做事情。”

温尼科特

去适应每一个孩子的节奏，是另一件令人厌烦的事情。有些孩子要比妈妈或其他反应快的孩子慢一拍。对于需要去适应每一个孩子需求的妈妈来说，这种或快或慢的反应就是一个很大的问题。让一个动作麻利的妈妈去适应一个比较迟缓的孩子是一件特别令人烦恼的问题。但是，如果孩子和妈妈在这个问题上不能彼此协调适应，孩子就会失去主动行动的能力，变得呆板和木讷，并且越来越依赖母亲和保姆。对于孩子来说，如果自己是快的，而妈妈是慢的，那么情况很容易就变得很糟糕。母亲反应慢，也许是因为她处在一种抑郁心境，但孩子并不知道原因，而且孩子也不允许这种情况发生。某些事情无疑是可以按计划完成的，但是孩子往往会打乱计划，因为他们无法理解事情是需要预先计划的。孩子只会生活在当下。下一个小段我们会听到关于计划的讨论。

妈妈们

“哦，部分时间不够的原因是因为外出时你需要好好打理一下自己——你得计划如何在下午 2 点钟喂孩子吃奶，然后在 6 点钟之前赶回来喂下一顿奶。我认为出去购物也是一个主要的原因，因为我要去 6 千米之外的市场买东西，那里的东西便宜，但同时照顾两个孩子就是一项艰难的任务了。一个孩子用奶瓶吃奶，另一个孩子用勺子吃饭，等把 2 个孩子都穿戴好，准备好一起出去购物了——有一个孩子睡着了，耽误了买东西的时间——你着急地疯狂买东西，设法及时赶回家去喂另一个孩子吃奶。然后，可能还有另外的事情等着你。有时候你还要出去和朋友喝茶……比如今天下午电台组织我们讨论，还要花 1 个多小时等我们 3 个人都准备好。”

“听起来真可怕！”

“等你自己准备好了的时候，他们俩……”

“是啊，他们俩好像看起来有一点不太整洁。”

“这还是在计划中的呢！我思考之后做了最好的时间安排的。”

“刚刚那个例子提到的事情可能是最令人烦的了——我认为这类事情是最令人恼火的！”

“总的来讲，我爱我的 2 个孩子。他们并不是一直都惹我心烦，这只是些很小的事情。”

“真正困扰我的是下一顿饭——孩子的饭——他们两个都想吃什么？”

“你提前很早就计划做什么饭吗？”

“不，不，我不是一个有计划的人。有些事情——你知道——在我们将要吃饭时才想起来……（众人大笑起来）有些事情突然就冒出来了……我每隔一星期就要去一次商场，因此家里储存了足够的东西供下星期使用。但这些东西什么时候用、将被用来做什么，都不得不等到相当晚的时候才能决定。”

“哦，我在做饭上还挺幸运的，因为我的孩子最喜欢吃肉馅。我真是受够肉馅了。”（大笑起来）

“肉馅类食物的味道不丰富，但做起来比较容易。”

“是的，很容易。”

温尼科特

这里悄悄显现出一线希望。只有一个妈妈做了计划，而且她尽可能把计划做得有序和到位，但是，她不可能顾及到每个孩子的需求、统一的时间安排、家与商店之间的相对距离、以及自己有限的精力。最终，我们还是面临这样的情形：母亲在同一时间里奋力应对孩子们的个体需求，并应对她所了解的世界。

妈妈们

“但是，另一个非常令人恼火的事情是，每当我使用吸尘器打扫卫生，或做什么其他事情时，孩子们会不断打断我。只要可以不间断地使用吸尘器等工具，我可以在 10 分钟内把家务做好。但在我做家务时，总有孩子跟在我身后打断我的工作。而且当去打扫孩子的坐便器时，他要是刚好坐便器上，你还必须待在旁边等着——你必须待在那里等着，而且……”

“是的，你不能走开，也不能做其他的事情。”

“他还把这当成了一个游戏。”（大笑起来）

“要是这时候，放在炉子上的什么东西烧开了，你还得让吸尘器开着，因为你只有 1 分钟的时间……”

“持续不断地被打断家务活非常令人恼火——在我做家务正起劲儿时，突然听到从处传来一声尖叫，我只好放下手上的事，不管是双手沾满了面粉在做饭，还是在干什么其他事情，我都得冲出厨房，去看看发生了什么。”

“如果是我双手沾满了面粉，我就会说：‘你看看，你看看，你不想让我这样去帮你干事吧？’”

“那会有效果吗？”

“是的，‘我会晚一会干预孩子。’我害怕我做的太多了，而且当一些令人恼火的事情突然出现时，比如孩子说：‘我们忘记带什么什么东西了。’——我们要出门去某个地方，而孩子计划要带一个玩具，或者她要拿一个购物篮子——我说：‘好吧，你下次必须记着带啊。’那个时刻就像在梦里一样。”

温尼科特

这里存在着一个界限，而随着每个孩子的成长，他是否有权利对母亲提出要求的界限会越来越明确。谁来设置的这个界限呢？在某种程度上，这得靠母亲逐渐地保护自己。

妈妈们

“还取决于你有什么样的夜晚。”（大笑）

“我曾经经历过一次非常可怕的夜晚，那天我真的对孩子发脾气了，而且如果那次孩子再表现出任何烦人的迹象，恐怕我就要爆发了。”

“这让孩子表现得更糟糕了吗？”

“没有，我想他感觉到我的耐心到头了，他最好保持安静。而且令人惊讶的是他做到了。”

温尼科特

但是，我期望爸爸最后会参与进来，并保护他的妻子。父亲也有他的权利，他不仅只想看到妻子已经恢复了独立，还想重新拥有妻子，即使在某些时候，这意味着对孩子的排斥。因此，随着时间的逐渐推移，父亲可以坚定地行使他的权利，这就把我带回到了几周之前谈论过的“说‘不’”那个主题。在某个节目中，我曾建议道，假如父亲首先以一种友好的方式赢得了制定坚定界限的权利，那么对于小孩子来说，当他坚定地行使自己权利的时候，他就变得非常重要了。

照顾小孩子确实很招人厌，但是，严格管控小孩子是一个最糟糕的办法。因此，我猜想，小孩子将会继续令人讨厌，而母亲也会继续乐此不疲，因为这给了她们牺牲的机会。

写于 1960 年

第七章

关于安全——父母的责任与界限

无论什么时候，只要谈到婴儿和儿童的基本需求，我们就会听到这样的话——“孩子需要的是安全”。有时候我们可能觉得这是明智的，而有时候我们则会表示怀疑。我们可能会问，安全这个词究竟是什么意思？那些过度保护孩子的父母会使孩子感到痛苦，这与那些不可靠的父母让他们的孩子感到混乱和恐惧是一样的。出于安全考虑，父母很有可能会给孩子太多的限制和保护，而我们也知道孩子的确需要感到安全。我们该如何理清楚这些呢？

那些设法把全家人凝聚在一起的父母，事实上也确实为他们的孩子提供了极其重要的东西。自然，当这样的家庭破裂时，孩子会成为最大的受害者。但是，如果我们只是一味地被告知孩子需要安全感，你可能会感受到有些信息似乎遗漏了。孩子们会在安全感中发现一类挑战，他们会试图突破这种安全。那种认同安全的极端想法可能会认为，一个让孩子幸福成长的地方应该是一个监狱。这多么荒谬啊！当然，你可以在任何地方发现自由的精神，即使是监狱。有一首诗《浪子》（*Lovelace*）写道：

石壁不为牢，铁笼非桎梏。

这句诗意味着：思想要远远广阔于能够被紧紧抓住的实际事实。但是，人必须自由地活着，这样才能有想象力地生活。自由是一个关键的部分，是能带出人性中的美好的。然而，我们不得不承认，有一些人是无法生活在自由中的，因为他们既害怕自己，也害怕这个世界。

为了理清这些想法，我想我们必须将发展中的婴儿、儿童、青少年、成人都纳入考虑，不但要追溯个人的发展史，而且还要探查这些个体在发展过程中所需要的环境条件。当然，当孩子能够开始享受给予他们的自由时，这标志着他们在健康地成长。我们抚养孩子的目标是什么？我们希望每个孩子都会逐渐地获得安全感。必须在每个孩子的内心建立起关于某些事情的信念，不光是认为事情是好的，而且还要认为事情是可靠的、持久的，或者相信在被伤害之后是能够恢复的、被毁灭之后是能够重生的。问题在于，这种安全感是如何建立的呢？是什么东西让孩子对周围的人和事有信心，带来了这种对事物满意的状态呢？究竟是什么带来了我们称之为“自信心”的品质？这一重要的东西是先天的、个人的吗？还是来自于道德教育？一定要有榜样以供模仿和复制吗？外界的环境性是必需的吗？

我们可以回想一下人类情绪发展的各个阶段，每个孩子都必须经由这些阶段变成一个健康的成人。然而，这需要花很长的时间才能完成。在这个回顾中，我们会谈及个体成长中先天固有的过程，以及在这个过程中人类凭借他们自身的能力成熟的方式（必然是非常复杂的）。此处我想讨论的是环境性供养中我们及社会所起的作用，恰恰是这种环境让孩子的成长成为可能。如果没有足够可靠的环境，孩子就无法达成个人成长，或者必定会被扭曲。而且，由于没有两个孩子是完全一样的，这就要求我们要去专门适应每一个孩子的需求。无论是谁在照顾孩子，都一定要了解他们，而养育工作一定要基于与孩子生动切实的关系，而不是学习来并机械应用的知识。我们持续可靠地在场，也提供了一种稳定的环境，这种环境不是僵硬的，而是有活力的、人性化的，能让婴儿感受到安全感。恰恰就是这种环境，才能与婴儿的成长建立关系，婴儿才能从其中吸收经验，加以模仿。

在为孩子们提供安全感时，我们其实同时在做两件事情。一方面，由于我们的帮助，孩子可以避免意外危险，避免无数次令人讨厌的外界侵入所带来的危险，以及避免这个还不了解也不理解的世界所带来的危险。另一方面，孩子被保护着远离了他们的冲动，也远离了将这些冲动付诸行动所带来的后果。我必须再次强调，非常小的婴儿需要绝对的照护，他们还不能靠自己发展。他们需要被抱着，需要被挪动，需要被清洗，需要被喂养，需要待在恰当的温度中，需要免遭寒风和巨响的侵扰。他们需要自己的冲动被满足，他们需要我们理解并搞清楚他们的自主性。早期阶段没有太多困难，因为在大多数情况下婴儿都有母亲全然地关注，忙于满足他们的需求。在这个阶段，婴儿是安全的。当一个母亲顺利地完成了这一生命起初需要完成的任务时，孩子的困难就不再属于外部世界侵入的问题了，而是各种伴随着生命感受的冲突。那么，在非常符合要求的环境中，在足够好的照护带来的安全感中，婴儿个性化的、个体化的生命就此开启。

很快，婴儿就开始能保护自己避免不安全的情境的侵扰。但在开始的几周或几个月中，他们还刚刚出生，非常柔弱。如果没有母亲的支持，当遇到困难时，他们的人格发展就会出现扭曲。在早期发展阶段，建立起安全感的婴儿开始抱有一种期待，认为他（她）将不会遭遇失望。挫折——是不可避免的，但失望——不行！他们会相当地坦率直接！

在这里我们所涉及的问题是：当孩子建立起安全感时，究竟会发生什么？在我看来，安全感建立之后，紧跟着就会出现对安全感的长久对抗，此处针对的是环境所提供的安全。在最初保护期后，母亲逐渐地将世界介绍给孩子，而孩子作为一个个体一头扑向了新鲜的世界，抓住每次机会去自由地表达、冲动地行动。这场安全感和控制的战争会持续整个儿童期。然而，继续加以控制是必要的，父母仍然要持续不断地维持一个纪律框架，这个框架就像是石牢和铁窗一般坚不可摧。但父母们在设立规矩时，必须要考虑到每个孩子是什么样的，要关心孩子作为人的发展，要有能力欢迎和接受孩子们的反抗和挑战。父母们要继续行使其监护人的功能，同时他们还要能够预料到孩子们的调皮捣蛋，甚至反叛和革命。幸运的是，在大多数情况下，通过想象中的生活和游戏，借助文化经验，父母和孩子都可以获得安慰。健康的孩子，在恰当的时机，有能力在面对明显的不安全情形时仍获得安全感。比如以下几种情况：父母有一方生病了或去世的时候；或者某个人做错了事情；或者由于某种原因，家庭破裂了。

孩子们需要不断检验他们是否还要依靠父母，而这种检验可能会一直持续到他们准备好为自己的孩子提供安全环境为止，甚至还在那之后。青少年会以非常个性化的行为去探查所有的安全措施以及所有的规则、条例和纪律。所以，通常会发生这样的事情，即孩子们确实接受了这个世界是安全的这一基本假设。他们信任父母早期良好的养育，因为他们曾经拥有过这种好的感受，在之后他们会一直携带着这种安全感。而通过他们对父母、对家庭、对学校老师、对朋友以及对遇到的各类人的检验，这一安全感被不断地强化。当发现这些类似牢固锁紧的锁头和螺栓样的规矩，他们会不断地尝试解除并打破这些规矩。他们可能会爆发反复的抗拒之情。要不然就整日蜷缩在床上，听着阴郁的爵士乐，深感空虚无聊。

为什么青少年要专门做这些检验？我认为，这是因为他们正在体验着令人恐惧的、新的、强烈的情感，他们希望知道外部的控制仍然还在。但同时，他们又要证明自己有能力打破这些控制，并亲自建立起自己的规矩。健康的孩子确实需要感受到继续存在的控制，但纪律和规矩必须是由那些有能力被爱和被恨的人、有能力被违抗但也被依赖的人提供的。单纯机械性的控制是没什么用处的，恐惧也不能激发孩子内心中真正的顺从。要想让孩子们拥有必要的、能满足自己真正成长需求的自由空间，我们与孩子之间必需要建立起一种鲜活的关系。真正的成长能带给孩子或青少年成人的责任感，特别是为下一代小孩提供安全的成长环境的责任感。我们能从创造性艺术家各种各样的作品中看到相似的情形。这些艺术家创造了非常有价值的东西，他们持续不断地创造着各种新形式，并为了创造出更新的东西不断地打破已经创造出来的。当生命体验时常威胁着要摧毁我们的存在感和真实感时，正是这些艺术家们让我们的生命力保持鲜活。在所有人中，艺术家们最能有效地提醒我们，冲动与安全感（二者对于我们都是非常重要的）之间地争斗是永恒不变的，而且只要生命继续，这种斗争就会持续不断地存在于我们每个人的内部世界中。

健康的孩子发展出了对自己和其他人足够的信赖，可以以此对抗所有形式的外部控制。外部控制已经变成了一种自我控制，在自我控制中，各种内心冲突已经提前在内部被解决和修通了。因此，我看见了这样一条路径：在生命的早期阶段，好的条件和环境引导孩子发展出了一种安全感，而这种安全感又使孩子具有了自我控制的能力。而当自我控制能力建立起来后，父母因为自身焦虑强加给孩子的安全就是对孩子的侮辱！

写于 1960 年

第八章 妈妈的罪疚感

克莱尔·雷纳（Claire Rayner）*

当我的女儿只有几周大时，我的一位亲戚用伪装过的声音给我们打电话，说她是“英国防止虐待儿童协会（National Society for the Prevention of Cruelty to Children）”的官员。说起来也奇怪，尽管在过去，每当她跟我开这种玩笑时，我总是能识破，但这一次我当真了，我心头涌上一种莫名糟糕的罪疚感。我觉得是很害怕自己做错了什么才会有这种感受。这个反应很有意思，我花了一些时间来克服这种恐惧感。事实上，那一整天我都不是很舒服。现在我的内心中还是有这种令人不愉快的病态感受，好像我曾经做过什么不该做的事情一样。

温尼科特

嗯，我想我也会这样。但除了罪疚感之外，是不是还和事情发生的太突然有关？就是在你还没有回过神、重新适应现实世界时，突然出现的一件现实事务。我的意思是，在生孩子之前和之后，你在这个世界中完全处在一个被保护的位置上，而且你没有预期到这类事情会发生。这种出乎意料的事情，

---

* 克莱尔·雷纳（Claire Rayner），曾经接受过护理训练，是一位作者，也是一位著名的电台及电视节目的主持人。她写了很多关于儿童照护和健康的书籍。

就和平地惊雷一样，一定会让你感到害怕和不舒服的，不是吗？

雷纳

噢，是的，我同意这个观点。但这是一种非常特别的罪疚感。我觉得有很多种类型的恐惧，听到了一个很大的噪音会感受到了一种恐惧；而当你预期某些令人恐惧的、不好的事情即将发生——比如你打算去看牙医，你会感受到另一种恐惧。但是，这是一种带有罪疚感的恐惧。好像我曾经做错过什么事情，而我就要遭遇不测了。我会一直觉得自己像个罪犯，就快要被发现了似的。

温尼科特

是的，我理解你的意思，而且我很乐于与你讨论这种感受。作为一个观察者和心理学家，在和其他父母谈论他们的孩子时，我发现一些很有趣的事情。我发现，无论父母们多么地小心谨慎，他们都很容易产生罪疚感。我费了好大的心思，努力尝试用一种不带批评的方式来跟他们讨论孩子们的事情，并且设法去解释而不是直接说做什么是错误的。然而，还是不断有人找到我，对我说，每次听我说话，或者读我写的东西，他都会感觉到自己很罪恶。所以，我对这种问题非常地感兴趣。

雷纳

哦！那就是一种罪疚感。如果你读了一篇文章或一本书，文章或书中说你应该这样做，你很快就会产生罪疚感，因为你没有这样做。但是也有其他情况。我知道一位年轻的女士，但想不起来是谁了，她曾经总喜欢阅读这类文章。在孩子出生后，她便表现出了一种强迫性清洗行为。之前她一直是那种普通平凡的家庭主妇，但当孩子一出生，她就开始擦洗孩子可能要接触到的每一件东西。一天当中，她要给孩子换三到四次衣服。她完全无法忍受孩子身上有任何污迹，或孩子把自己弄脏。随着孩子逐渐长大，要清洗的东西也越来越多。当孩子还小时，要清洗的东西只限于孩子的婴儿车、小床和他自己的屋子。而他现在到处爬，需要清洗的东西已经扩展到孩子所能爬到的其他屋子。她每个星期都擦洗一次起居室中的地毯，而且是用洗发液来清洗。这对我来说还挺奇怪的，我不由得在想她是否是感受到了某种罪疚感，便以这种擦洗的方式来表达。我不知道您是否同意我的看法？

温尼科特

我认为这是一个相当有代表性的极端例子。这个例子引入了这样一种理念，即有些人并不知道他们自己正感受着罪疚感。对于这个极端的例子，大多数观察者能够看出这个妈妈很恐惧，她担心她的孩子会面临一些伤害，所以她必须尽可能去避免。但我认为这个妈妈并没有意识到这一切。这个妈妈只觉得，如果不把所有东西清洁干净的话，她就会感到害怕。甚至当她正在清洗东西的时候，很可能也会感到害怕。因此，当我们观察这个现象时，我想一定有很多不同的方式可以帮助我们看到，这些人可能是在内心里罪疚感的推动下行事的，而且他们可能并不知晓自己这样做背后的原因。但问题的另一个方面，即普遍存在着的潜在罪疚感，我认为这才是我们主要的兴趣所在。

雷纳

是的，我一直在思考这个问题。我很想知道，在多大程度上这是源自于妈妈与孩子之间的嫉妒情绪。如果大家不介意的话，我可以再讲一个我自己的例子。在我小女儿出生后，一带回家，我就发现我很嫉妒小女儿与我丈夫的关系。当时我没有意识到，但现在我知道了自己当时有点害怕小女儿从我这里偷走了丈夫对我的关心。我感觉我没有在关系中为小女儿留有一定的空间。当我认识到了这就是一种真正的嫉妒之情时，问题就解决了。当我承认这是嫉妒时，这种情绪很快就消失了，这确实很有趣。但是我很想知道，有多少妈妈会嫉妒自己的孩子。如果她们有一个女儿，在孩子不同的年龄阶段，这种嫉妒情绪是怎样的，会不一样吗？现在某些杂志非常强调女人要活得年轻漂亮，难道一个照看着小女孩的女人不会突然很清楚地意识到，她不再像自己的女儿那样年轻漂亮了、她生活中的某些部分已经结束了吗？而年轻又漂亮的女儿的生活才刚刚开始。一位妈妈难道不会嫉妒女儿吗？这种嫉妒情绪难道不会引起妈妈的罪疚感吗？您认为有这种可能性吗？

温尼科特

我觉得你对自己非常地坦率，你描述了不同人在不同情况下都感受到的罪疚感，这种罪疚感源自于她们对孩子产生了一些他们觉得不该有想法。你说因为有一个小女儿，可能产生了嫉妒情绪，并且你很在乎丈夫对小女儿的反应等等。那么，如果你们有一个小儿子，情况可能就不一样了。有些有儿子的人可能会感到焦虑，并觉得自己很恶劣，因为她们会很惊讶地发现，她们其实并不想要一个男孩儿；或者由于这样或那样的原因，她们并不能唤起对这个孩子的爱，而她们又认为自己应该要爱这个孩子。对理想状态，每个人都会有一种先入为主的想法，他们认为一切都会万事如意，并且妈妈和孩子是彼此相爱的。因此，我认为你所注意到只是一个例子，表明为什么有些妈妈可能对自己的孩子怀有她们认为自己本不该有的意料之外的情绪，并从而产生了罪疚感。举例来说，有可能妈妈发现她很自然地全心全意地爱着自己的宝宝，而这让她感到有些不好受，因为她一直没有感受到来源于自己母亲的同样的爱，于是她就感受到她正在……向她母亲表现一个全心全意爱孩子的榜样。我记得我看到过一个坐在地上的小女孩，正在十分友好地对待一个洋娃娃，任何人都可以看出来，小女孩正在用游戏告诉自己的妈妈，在那个时候她认为她是多么的不合格。换句话说，有非常多的原因会导致不同的人，对自己的新生宝贝怀有出乎意料的感受和情绪。（雷纳：是的）但是，我仍然觉得其中是有一些更加普遍的、与生俱来的原因，如果我们能够理解这些原因就好了。

雷纳

是的。我恰好想起来了，当我还是一个实习助产士时，我注意到母亲对新生儿的第一个问题通常都不是“他 / 她是什么样的啊”，而是“他 / 她一切都好吗”、“他 / 她健康吗”。那时我对这个现象很感兴趣，现在我更加感兴趣了。我情不自禁想知道，为什么妈妈通常都担心害怕，预设她的孩子在某些方面应该是有问题的。这是一种非常普遍的恐惧，像是你生出了一个（温尼科特：是的）怪物或一个有什么毛病的东西。

温尼科特

我认为母亲有这种想法和担心不但很普遍，也很正常。我是说，有一些人——当然，人是各种各样的，这是一个好事情——在相当大程度上，把有孩子这件事与生命中其余部分完全分开了。但我们不能说这种情况一定就是正常的。对于绝大多数人来说——如果她们有孩子——对孩子的整体幻想实际上汇聚成为了对某一个孩子的幻想。这个幻想应该在她们儿时假装成父亲或母亲的游戏中出现过，也曾经出现在她们的理想中。这里面有着各种不同程度的爱和恨，以及混合在爱和各种各样情感之中的攻击。因此，在我看来，这是与生俱来的，每个人在自己身上都会找到相应的部分。当她们生了孩子后，她们才能真正地理解这个孩子是从哪里来的。而在幻想中，她们并不认为自己可以有一个完美无瑕的孩子。她们的想法是对的。我的意思是，即使她们努力去画一幅画作、去创作其他艺术作品，或者用心去做一顿晚餐，她们都无法确定自己能把事情做的完美无缺。不过她们也确实能有一个很棒的婴儿。

雷纳

那么，这是不是意味着，当一位母亲问这种问题的时候，答案应该是：小婴儿是健康的，一切完好，毫无问题。这样一来，那种会引发这一问题的罪疚感就会消失掉——就被冲走了，是这样的吗？

温尼科特

是的，这就是我真正想说的。这样一来，婴儿就恢复到作为一个婴儿客观存在的状态，所有的幻想就仅仅只是幻想了。但在另一方面，如果母亲恰好产生了某种怀疑，或者护士延迟了一会儿才说孩子一切都好，那么母亲就有时间把这些信息关联到所有的幻想中，关联到对孩子的担心、害怕和怀疑的想法中去了，她因而无法得到完全的安心和放松。而且如果孩子真的出现了什么问题，那么这个母亲就会经历一段非常艰难的日子，她感觉自己应该为此负责。因为是她怀了这个孩子的，而她跟孩子的关系非常密切，并对孩子有过不好的想法和幻想，（雷纳：是这样的。）那时候婴儿在她肚子里。这本应该是两个分开的事情，但是，如果婴儿并不是那么健康的话，二者就不那么容易分开了。

雷纳

是的，我觉得是这样的。

温尼科特

我再说说另一方面，如果婴儿出生后非常健康，那么他 / 她总会有某些方面不如妈妈曾经对孩子的幻想。

雷纳

是的，尽管这种罪疚感如此地普遍，但我还是情不自禁地感到好奇。这些感受一定还是有某种价值的，那么罪疚感就其本身而言并不是一件坏事，不是吗？在某种程度上，这种情感不也激发了妈妈对孩子的责任感吗？

温尼科特

是的，我认为这跟烹饪很像。如果某个人确实一点怀疑的感受也没有，那么我认为她对做饭可能并不感兴趣。比如在举办一次聚会前，几乎每个人都会感受到有一点不安，因为聚会的准备可能会出问题。当然他们有可能会准备很多很多的食物，以防万一不够吃等诸如此类突发情况。这类担心实际上是很普遍的。但事实是朋友们会来参加聚会，他们很享受这些食物，然后把东西都吃光了——甚至把多出来的食物也吃完了。在我看来，你想说的是，想尽职尽责地养育孩子，就有必要自我怀疑。

雷纳

是的，是的，我觉得是这样的！如果你对自己的孩子一点罪疚感都没有，那么你有可能不会那么用心地去保护孩子。我的意思是，如果你觉得所有事情都没什么问题，一直都是正常的，并且没有什么会出错。那么当你的孩子突然发烧时，你就会说："哦，没啥事，不会有什么问题的。为什么要操心呢？有必要去看医生吗？没有这个必要吧，不可能会出什么问题的……"

温尼科特

是的，依我所见，这是一个非常现实的情况，因为我花了好多时间去接待那些带着孩子来医院的妈妈。我觉得她们来找我的原因，是因为她们担心孩子，为孩子而感到忧虑。如果这些妈妈不担心，那么她们就不会注意到她们的孩子生病了。（雷纳：是的。）她们经常会带着孩子来找我，可是我发现，她们的孩子非常好，没有什么问题。有一位母亲对我说："我的孩子昨天摔倒了，碰伤了头。我只是——我不能确定他是否还和原来一样，没什么问题？"你看，她做得非常对，她应该来找我，而我的工作就是接待她。我可能会说："我已经检查过了，你的孩子完全正常，没什么问题。"我觉得，我正在处理这个妈妈对孩子的罪疚感，这一切都没有什么问题——一旦她能做点事情，就不会再感受到罪疚感，她已经带孩子来做了一些检查。或者如果她没有来看医生，她完全可以在照看孩子的同时观察一下，然后就会发现其实孩子并没有什么事。但是，我想恰恰就是这种罪疚感，才使得她如此地敏感（雷纳：是的），使她质疑自己。我确实发现，有些父母并不具备这种感受罪疚的能力，而且当孩子生病时，他们甚至会视而不见。

雷纳

是的，如果我能够做到像您说的那样，那么对于孩子们来说，一定是非常快乐的。对于一个小孩来说，这个世界及其职责是巨大的、压倒一切的，不是吗？而作为一个母亲，她情愿亲自去接受指责，也接受自己对自己的责备，并且能以这种方式来保护自己的孩子，这样的母亲一定会给孩子带来快乐。母亲的罪疚感变成了一种缓冲，在大多数情况下，为了孩子，母亲是不顾一切的！

温尼科特

是的，如果可以选择谁做父母——当然，我们做不到这种事情——如果可以的话，我认为宁可选择一个能够感受到罪疚感的母亲。至少她有责任感，并且在做错事情的时候，她能够觉察到这可能是她的错误。我们宁可选择一个这样的母亲，也不会选择一个马上就归咎到外界上、解释自己没有做错的母亲。这样的母亲会说，这完全是因为昨晚的大雷雨或者其他外界原因，她不能承担任何责任。在这两种极端情形下，我们情愿选择那种有责任感的母亲。

写于 1960 年

第九章 婴儿道德的发展

有些人认为，孩子是非对错想法的成长，就像是学习走路和说话一样，是自然发生的。也有一些人认为，你必须要灌输给孩子这些想法。我自己的观点是，在这两种极端的观点之间还存在着一定的空间，善恶之心就如其他很多个性一样，随着成长自然而然产生，但这理所当然需要有一定的环境照护条件作为前提。我难以用几句话就描述清楚这些基本条件，但最主要的是，照护环境应该是可预测的，照顾者在生命起初就要高度地适应婴儿的需求。实际上，绝大多数婴儿和孩子都能获得这些基本的照护。

我只想说，道德的基础是婴儿成为自己的真自体的基本体验，以及这种真自体持续存在的基本体验。婴儿对不可预测的环境所产生的反应打断了这种持续存在，并且妨碍了婴儿自体的发展。但是，这就涉及生命早期问题，远离了我们现在所讨论的话题。我们的话题要继续集中在婴儿发展的下一个阶段。

随着婴儿以他们自己的方式聚集起了大量持续存在的体验，并且开始体会到了一个完整自体的存在，一个可以独立于母亲之外的自体。恐惧就开始占据主场了。这些恐惧在本质上都是原始的情绪，而且都以婴儿对原始报复性的期待为基础。婴儿会变得兴奋，具有了攻击性或摧毁性的冲动和想法，表现为大声尖叫或想要撕咬什么。而且很快就会觉得这个世界到处充满了大张着要咬人的嘴、具有敌意的牙齿、不断挥舞的利爪，以及各式各样的威胁。在这种情况下，如果母亲不能提供大概的保护，以隐藏婴儿生命早期体验里的巨大恐惧，婴儿的世界将会变得十分可怕。母亲（我并没有忘记父亲）通过作为个体存在的方式改变了孩子各种恐惧的性质。逐渐地，母亲作为一个个体，可以被婴儿识别出来了。因此，那个有魔力的、报复的世界就被母亲代替了。此时婴儿获得了一个可以理解其各种冲动，并可以做出相应反应的母亲。但是，这个母亲是可以感受到伤害的，也是会生气的。我这样描述，你应该就可以很快明白，如果原始报复性的力量可以变得具有人性，那么这就会让婴儿发生巨大的变化。一则，母亲知道实际摧毁与摧毁意图之间的差异。当妈妈被婴儿咬到的时候，她会说："哎哟！"但是，由于她认可了婴儿想要吃她的愿望，那么她一点也不会感觉不安或害怕。事实上，她会认为小婴儿咬她是一种赞美，这是小婴儿能够表达兴奋性的爱的唯一方式。当然，这还在于她不是那么容易就会被孩子吃掉的。她发出了"哎哟！"的喊声，但这仅意味着她感到了疼痛。小婴儿会伤害到乳房，特别是那种很早就长牙了的孩子。但是，无论如何，妈妈确实幸存了下来，而小婴儿就会有机会从妈妈幸存这一事实中获得安心。此外，你也给了孩子一些坚硬的东西去撕咬，这些东西都有很好的生（幸）存价值。比如一个拨浪鼓，或者一块骨头。婴儿要是能够以吃奶的劲去撕咬什么东西，是会感到安慰和轻松的。

以这样的方式，婴儿有机会在真实的冲动行为出现时发展出幻想的能力。这个重要的步骤起因于母亲始终如一的态度和一贯的可靠性。这种环境的可靠性也提供了一种设置，在这种设置中，进一步发展才能够发生。下一个阶段发展的质量取决于婴儿使父母感到幸福的程度。母亲在恰当的时机出现，接收到婴儿指向她的冲动性姿态，而这对她来说意义重大。因为这实际上是婴儿的一个部分，而不只是一种反应。婴儿会表现出一种反应性微笑，这种微笑几乎不包含什么意义。但是，婴儿最终会表现出另一种微笑，它意味着婴儿感受到了爱，并且是在朝向妈妈的那个时刻感受到了爱。在这之后，婴儿会开始在浴盆里面哗哗地戏水、泼妈妈、使劲揪拽妈妈的头发、咬妈妈的耳垂，或给妈妈一个拥抱，做诸如此类的事情。或者，婴儿会以一种特殊的方式排泄，这暗示着排泄物是具有礼物意义的，是有价值的。如果孩子的这些活动都是自发性的，那么母亲会因为这些细微的事情产生极大的成就感。正因为如此，婴儿能够获得一种新发展和整合，能够以一种新的、比较完美的方式，去承担自己在兴奋时（也可以说是在各种本能体验之中）感受到的污秽不洁和破坏感。

婴儿与生俱来的、最重要的本能是在喂养中被唤醒和激发的。这一本能逐渐与被爱被喜欢这一事实，以及充满感情的游戏体验联合在一起。而吃掉母亲和父亲的幻想，逐渐迁移到吃掉食物上去，与之完全融合在一起。婴儿开始能够为这种无情的摧毁性担负起全部责任，因为婴儿发现自己的自发性姿态也会同时出现，并意味着一种给予的冲动；婴儿也从当自己出现爱的冲动时，母亲是刚好存在的这个事实中发现了这一点。用这样的方式，婴儿得以控制那些好的感觉和坏的感觉。因此，通过一种复杂的过程，以及婴儿发展出的、把各种体验聚集在一起的能力——所谓的整合，他/她逐渐变得能够忍受本能体验中摧毁性元素带来的焦虑感受，认识到存在有修复和重建的机会。我们给这种忍受焦虑的能力取一个名字，称之为罪疚感的能力。我们可以认为，这种罪疚感的能力，是与婴儿对环境可靠性的信任地建立一起发展出来的。而当一个母亲不得不离开她的婴儿时，或者当母亲患病时，或者仅仅是她心事重重时，我们看到了罪疚感能力连同对环境的信任和可靠性一起丧失掉了。

一旦婴儿开始拥有罪疚感受，也就是说，一旦婴儿开始把摧毁性行为与对摧毁的焦虑关联在一起，他/她就可以理清哪些感受是好的，哪些感受是坏的了。这不是直接接手父母的道德感，而是产生了一种新的道德感，是每一个新个体自然发生的一种道德感。感到某些事情是正确的，是与婴儿所认为的母亲或父母的期待相关联的。但是，更加深入的根源，是与罪疚感相关联的好和坏的意义——一种在对摧毁性冲动的焦虑、修复的能力和重建的机会之间的平衡。对于婴儿来说，那些能减轻其罪疚感的活动会是舒服的、好的，而那些会增加其罪疚感的活动则是糟糕的、不好的。事实上，由于婴儿与生俱来的道德感发自于各种原始性恐惧，要比母亲和父亲的道德感强烈得多。只有那些真实和现实的东西才会对婴儿的发展有价值。比如教孩子说“谢谢！”（Ta！），就只是一种礼貌的行为举止，并不是真的出于他的感激之情。

你会发现，依据我在工作中使用的理论，在孩子形成生命体验的早期阶段，你通过做一个可靠和可信赖的人，为婴儿创造了一个机会，使其发展出是非对错之心。这样一来，每个孩子都发展出了自己的罪疚感，至此，而且只能是至此，向孩子介绍或灌输你自己的是非对错理念才有意义。

如果你不能以这种方式养育孩子（而且会养的一个比一个好），那么你只能努力地让自己成为一个非常严苛的人，尽管你知道，在婴儿的自然发展过程中，本来可能会发生一些更好的事情。如果你全都失败了，那么你一定会努力通过教育和训练来把自己的是非对错理念灌输给孩子。但是，这就取代了真正的是非之心，而且也是一种失败，你会憎恨用这种方式。只有你，或代替你行事的人，不断强化你的意志，这种方式才会起作用。换句话说，如果能够借助你的可靠性促使孩子发展，那么他 / 她就会发展出个体化的是非对错之心，并以此代替对未经加工过的原始性报复的恐惧感。之后，你才能强化孩子的某些想法，并用你自己的想法来加以丰富和充实。因为随着孩子的不断成长，他们会喜欢模仿或者挑战他们的父母。无论是二者中的哪个，最后结果都挺好。

写于 1962 年

第十章

5岁，从家庭走向学校

近期的一个庭审案例，报道了一位博学多才的法官的一段话，这段话是关于一个父母已经离婚了的年近 5 岁孩子的。这位法官说："众所周知，这个年龄的孩子是可以从家庭变故中恢复过来的。"我并不想批评法官在这个案例中的判断，但是我们可以开放地讨论一下这个问题：5 岁的孩子真的能适应家庭变故吗？他们有这种恢复能力吗？在我看来，孩子的恢复能力只能随着自然的成长和成熟而来。而我们应当持有这样的观点，即在孩子的发展过程中，并不存在一个时间点，可以说孩子就此具备了恢复能力，并能适应生活变故了。所谓的恢复和适应，实际上暗示了我们有可能在期待孩子身上顺从的那部分，而这部分还不会给孩子的人格成长和性格建立带来危险。

这确实可能会引起争论，5 岁左右的孩子有一些特征，需要你特别小心谨慎的对待，不能放松对环境可靠性的观察和警惕。今晚，我将试着说一说这些特征。

当你经历孩子们的成长时，你一定会惊讶于成长是那么缓慢又那么迅速，往往都发生在一瞬之间。这种观察十分有趣。好像几周之前，你才生了一个小宝宝。然后你就发现他长大了，变成了一个蹒跚学步的小朋友。而今天他已经 5 岁了，到了明天，他将会成为一个小学生——或者是她。所有小孩子都是这样的。事实上，你会感觉再过几周，他就开始工作了。

这里有一个非常有趣的矛盾。时间似乎过得既缓慢又迅速。或者说，当你以孩子的时间观念来感受事情的时候，它几乎是静止不动的。或者虽然时间仍然是流逝的，但却是缓慢而逐渐移动着的。时间是无限的这一想法来自于我们每个人幼年早期的记忆痕迹，在那个时候，我们还不存在时间流逝的感受。但是当你跳跃到拥有自己的成长体验时，你会发现，5 年几乎就是一瞬间。

在你记得的事情与孩子记得的事情之间，出现了一种奇怪的现象。你清楚地记得一个月前所发生的事情，但你突然发现 5 岁的孩子并没有记得他姨妈的到访，或家里养了一只新的小狗。他会记得一些事情，甚至是很早发生的事情，特别那些曾经谈论过的事。他还会把家庭传说中的某个人当作别人，或者当作一本书中的某个角色。他开始更加能意识到自己的存在，意识到当下的时间。而伴随而来的，是他也开始遗忘了。

现在，孩子已经有了过去，以他的心智，10 件事情有 5 件已经忘记了。他的泰迪熊躺在底层抽屉的最后面，但他已经忘记了泰迪熊对他来说曾经有多么的重要，除非他突然又需要它了。

我们可以说，孩子正在从一个围城中走出来，围城的墙开始出现缝隙，而篱笆也变得厚薄不均了。而一旦他出来了，再让他返回到围城里就不太容易了，甚至让他感觉到要返回里面都变得不太容易了。除非他感觉累了病了，那时候你可以为了他好重新建立这个围城。

这个围城的提供者包括你——孩子的母亲和父亲，还有家庭、房子和院子，以及日常熟悉的情景、噪音和气味。这个围城也属于孩子自己所处的不成熟阶段，属于他对你的可靠性地信赖，属于婴儿世界的主观体验。这个围城发展自你的手臂，当孩子还是一个婴儿时，你的手臂环绕地抱着他。你以一种亲密的方式适应着婴儿的需求，接着，你逐渐地去-适应 (de-adapt) 你的婴儿，按照他能够享受遇见的那些意想不到的新鲜事物的程度。因此，自从孩子们表现出不同之处，你就会发现，你制造了一个围城，而每个孩子都生活在自己的围城中。恰恰就是在这个围城之外，你的儿子或女儿为进入另一个不一样的团体、一种新型的围城做好了准备——每天至少几个小时。换句话说，你的孩子将要去上学了。

华兹华斯（Wordsworth，英国诗人）曾在他《不朽颂》（*Ode on the Intimations of Immortality*）这一诗作中提到了这种变化：

> 童年时，我们在天堂闲荡，
> 牢房的阴影开始笼罩
> 正在成长中的男孩……

在这里，诗人感受到孩子其实意识到了新的围城，这与婴儿无法觉察到的依赖形成了对比。

当然，如果你的居住地附近碰巧有一所非常好的幼儿园，你可能早已开始了这一过程。在一所好的幼儿园中，一群学步期的幼儿有机会一起游戏，可以获得合适的玩具。也许幼儿园的地板也比你家更适合孩子玩耍，而且总有老师在场监督孩子社会生活的初次试验，阻止他 / 她用铁铲击打旁边孩子的头部。

但是，幼儿园和家里没有那么的不一样，幼儿园仍然是一种专门化的养育环境。学校则有所不同。小学可能没那么不同，但小学将不会再有像幼儿园那样的适应性了。也许除了一年级外，其他年级不再是专门化的环境了。换句话说，你的孩子就要开始适应社会了，要去满足对小学生的期望了。我由衷地希望，你的孩子已经为此做好了准备。因为，如果他准备好了，他将会从新的体验中收获多多！

你一定接受了很多有关如何处理孩子在生活中面临的巨大变化的建议。你已经和他们谈到了学校，孩子也已经在学校玩耍过了，他们期待着去体验更多更广的东西。

这个阶段确实会出现很多困难，因为环境的变化必定是要适应孩子由于成长而发生的变化的。我曾经处理过相当多这个年龄阶段孩子所面对的困难，而我想说，在绝大多数案例中，都不存在深层次的心理障碍，也不存在实际上的疾病。这种焦虑和压力与对孩子的需求有关系，有的孩子需要快一点，而有的需要慢一点。相差几个月就会有很大的不同。你可能觉得，那个生日在 10 月的孩子正迫不及待地等着上学，而那个生日在 8 月的孩子则提早 1 到 2 个月就被打发到了学校。不管怎样，就像一个孩子急切地要继续进入更深的水域，然而另一个孩子却在悬崖边发抖，带着恐惧出发。顺便说一下，有一些勇敢向前冲的孩子，在尝试了一下外界之后，突然感到害怕并退缩了，他返回到了你的身边，拒绝尝试再次走出你的围城，这一状况一直持续几天、几周，或更长时间。你知道自己孩子的情况，因此你会去和学校的老师谈谈。老师经常会遇到这种情况，他们会继续等待，并不会为此着急。他们很有耐心地等待这个孩子返回学校。关键问题是，要理解孩子从一个围城中走出来时是既兴奋又恐惧的。而且对于孩子来说，更可怕的是一旦走向了外界，他们就不能再返回去了。而生命就是由一系列需要不断走出的围城组成的。在这个过程中，孩子会不断面临各种风险，不断遇见各种新的、令人兴奋的挑战。

有些孩子会遇到一些困难，阻碍了他们迈出新的步伐，进入新的阶段。如果过了一段时间，孩子还没有好转，或者如果你发现了其他的征兆，预示着孩子病了，那么你可能就需要寻求专业人员的帮助了。

但是，你有可能会觉得不太对劲，当你的孩子退缩并返回你身边时，你想做一个完美无瑕的好妈妈。如果真能如此，你应该希望我就此闭嘴。我来告诉你我是怎么想的。

有些妈妈在两个层面行事。在一个层面上（我姑且称之为顶层），她们所求的只是孩子长大，走出围城去上学，去迎接这个世界。而在另一个层面上，也许用深层或底层来形容比较好，她们并不想让自己的孩子走出去，但对此并不能完全清晰地意识到。在这层中，逻辑和理性不再那么重要，母亲无法放弃她最为珍贵的东西，也就是她的母性功能——她觉得，比起当孩子由于成长需要享受与她分离、独立和挑战，在孩子需要依赖的时候，她更加容易表现出对孩子的母性。

孩子能够非常容易地感受到这种母性关怀。尽管孩子在学校里也感到快乐，但他会气喘吁吁地赶回家。每天早上他会大声喊叫着，表达自己不愿意去学校。孩子会觉得愧疚，因为他知道你无法忍受失去他，而且你得违背自己的天性把他赶出家门，让他去上学。如果你可以很高兴地把孩子赶出家门，又能很高兴地迎接他回来，他可能感觉轻松一点。

有许多人，包括过得最好的人，在某段时间或每天中的一些时刻，都会表现出一点抑郁。他们对某些事情总有一种模糊不清的罪疚感，而且他们总是担心自己没有尽到责任。对于家长来讲，孩子在家里表现的很活泼一直都是件令人欣慰的事。而孩子发出的噪音，甚至是哭声，都是一种生命活力的象征，会让这种有点抑郁的父母感到安心和宽慰。但是，对于那些有着比较严重的抑郁情绪的人，他们整天都担心自己可能会把某些很珍贵的、很重要的东西毁掉。当他们的孩子到了上学年龄，开始去上学时，母亲就会感觉家里空荡荡的，连带着她自己也变得空荡荡的了。她会因此感到非常恐惧，这种人际关系上的失败感对她造成了威胁，以至于她必须要找点什么事情去做，吸引和转移注意力，以暂时减轻一些恐惧感。而当孩子从学校回到家里、不去上学时，如果有了新的替代的事情，母亲就没有空余时间去关心孩子了，孩子则会奋力返回母亲的关注中心。对孩子来说，这种成为母亲关注中心的努力会变得比上学更加重要。

这样一来，常见的一个结果是，孩子会开始厌学。但他一整天都会处在一种渴望去学校的焦急状态之中，而孩子的妈妈也渴望自己的孩子能和其他孩子一样去上学。

我知道一个处于这个阶段的男孩。他产生了一种喜欢用绳子把各种东西联结在一起的强烈情感。他总是尝试着用绳子把靠垫系在壁炉架上，把椅子与桌子系在一起。所以，在房间里面走来走去时，一定得多加小心。他非常喜欢他的妈妈，但他无法得知自己能否重返妈妈的关注中心。每当他离开妈妈的时候，妈妈就会很快变得抑郁。然后妈妈就会用其他担心或忧虑的事情来取代对孩子的关注。

如果你有一点类似我说的这种情况的经验，那么你也许能理解这些事情是经常发生的。你可能会高兴于孩子对妈妈和其他人的感受的敏感性。但遗憾的是，你未表达的焦虑，甚至是无意识的焦虑，也会使得孩子感到非常歉疚。这样的话，孩子就无法从当下的围城中走出来。

在孩子早期阶段，你可能已经有过这种困难的体验。例如，你可能发现断奶很困难。你最终会意识到孩子不情愿迈入任何新阶段，或探索未知的模式。在每一个发展阶段，你都处在失去孩子的依赖的威胁之中，都处在孩子获得独立性和个体化生命观点的过程之中。尽管你可以看到这个过程中你所获得的优势，但你却无法感受到轻松和解脱。你的心神被隐约的抑郁与莫名的焦虑所占据。这和一位女性对自己孩子完全的关注密切相关。我无法单单只谈论某一个特定的人。我认为，绝大多数女人都处在两种状态的边缘。

母亲们都经历过各种各样的痛苦，如果婴儿和孩子能不被卷入到这种痛苦之中，那是非常好的事情。他们自己有很多痛苦，实际上，他们相当乐于拥有自己的痛苦，正如他们喜欢获得新的技能、更大的视野，以及幸福和快乐一样。

诗人华兹华斯所称的“牢房的阴影”究竟是什么？在我的理解中，它是指从小孩子所生活的主观的世界向大一点的孩子所生活的共存的现实世界发生的转换。从一个婴儿对环境神奇地控制开始——如果你给婴儿足够好的照护的话——便重新创造出一个世界，甚至创造出了新的你和通往外界的门把手。等孩子到了 5 岁时，他已经有能力认识到你的更多现实特征了，也有能力承认这个存在着真正的门把手的现实世界了，以及在他概念形成之前就已经存在的其他各种客体。他有能力认识到自己是依赖着他人的这一事实，而此时他正走向真正的独立。这一切都只是时间问题，而且我相信你可以很好地管控这一发展。人们通常不知怎的就度过了这一过程。生命会以各种各样的方式影响处于这个年龄阶段的孩子。我前面提到过小孩子的泰迪熊玩具。你的孩子很可能对一些特定的客体（玩具）特别感兴趣，并且离不开这些玩具。这个特定的客体，曾经可能是一块小毯子，或一片尿布，或你的一块丝巾，或一个布娃娃，这些客体在 1 岁前后变成了孩子很重要的东西。它是不可或缺的，特别是在入眠前的过渡期，孩子会随身携带这个物品。这个客体非常重要，孩子可能会粗鲁地对待它。这个客体甚至闻起来有味道。如果你的孩子只是使用某个物品，而不是你本身，或者不是你的耳垂或头发，那么你真的很幸运。

正是这个客体（玩具）把孩子联结到了外在世界，或共存的现实。这个客体（玩具）是孩子和你（母亲）共同的部分。你的某个孩子也有这样的一个物体，但他可能一整天都不用它，但另一个孩子就会随身带着这个心爱之物，一刻不离。5 岁的孩子对这一客体的需求可能不会消失，但有许多其他的东西可以取代它——孩子都看漫画；有种类繁多的玩具，既有硬的，也有软的；还有一整个文化生活等待着去充实和丰富。但当孩子去上学时，你可能会遇到些麻烦，你需要老师的步伐走得慢一些，不要从一开始就禁止孩子把这个东西带进教室。这个问题基本上在开学后的几周之内能自行解决。

我认为，孩子是在将与你的一部分联系带着去上学，这可以追溯到婴儿期的依赖性，以及幼儿早期孩子刚刚开始意识到你以及这个世界与他自己是分离的。

如果这一焦虑得以自行解决，那么他就可以不再随身带着的这个客体去上学了。否则，男孩子会用一条绳子把一个机车和一个卡车车厢连在一起，藏在自己的口袋里面；女孩子将会通过扎紧她的围巾，或者随身携带一个放了小人偶的火柴盒来处理这种焦虑。那些刚刚上学的孩子们还总是会吸吮手指（大拇指），或者咬自己的指甲，直到他们感到自信，信任了学校环境时，才会停止这些行为。你要学会期望你的孩子们能够表现出焦虑，因为这些焦虑说明了你的孩子正在离开对他们来说非常重要的你和家里，并从此出发，走向更加广阔的世界，成为社会公民。而孩子的这种焦虑有可能表现为一种回到婴儿模式的退行行为，在这种模式下，他们能够感到安心。这些模式被植入到了心理治疗的技术之中，以便利用它的效用。在使用这一技术时你是鲜活的、可及的，能始终提供当下发生之事与孩子婴儿期体验（这是患者婴儿模式的遗留）之间的联结。

还有一件事情是，如果孩子们享受学校生活、享受忘记你的那几个小时的话，那么他们往往会感到自己是不忠诚的。因此，当孩子们快回家时，或者不知为何推迟回家时间时，他们会隐约地感到焦虑。如果你有理由生孩子的气，请你不要在孩子刚刚从学校返回家庭时表达你的愤怒。你也有可能会因为自己被孩子们忘记了而感到恼火。因此，你要随时提防你自己对孩子们的各种新发展所产生的反应。直到和孩子重新建立起联系之前，你最好不要因为墨水洒在了桌布上发脾气。

如果知道了这些事情发生的真正原因，再面对这些事情时，你就不会感到有很大的困难了。对于孩子来说，成长并非全部都是甜蜜的。而对于母亲来说，这更多是剧烈的痛苦！

写于 1962 年

第十一章 信任的建立

在早期阶段，最有必要提及的就是养育中的压力。每个人都知道，小婴儿需要持续可靠的照护，不然就无法健康地发育。在个体发展的下一个阶段里，我们预期孩子们已经拥有了大量被好好照护的体验，并且他们可以在信任他人和世界的基础上继续发展，这样一来，对很多事情他们可以处变不惊。然而，在生命的早期阶段，这种对事物和人的信赖是一个逐渐建立的过程。

我们注意到，尽管很小的孩子是相信我们的，但是这一信任很容易被打破。出于这个原因，我们应该特别小心谨慎地对待他们，在最重要的方面要保持稳定和可靠。

我们需要认识到，我们并不能通过刻意的努力，或者研究书本，或者听讲座，就保持稳定可靠。我们可以做到稳定和可靠，是因为小孩子引发了我们最好的一面，因此在一段时间之内，我们可以做得相当好。我们甚至可以悄悄地争吵——也就是不在孩子们面前争吵。而且，因为孩子的存在，我们可以让自己做到看起来是团结一致的。

有些人太过热衷于安排自己的生活、控制自己的坏脾气，所以他们没法满足孩子们的需求。但是，只要家庭还是存在的，父母看起来还是在一起的，在寒冷的季节里有温暖的居所，有期待的喜欢的食物，可以避免突然出现的对身体的伤害、出乎意料且无法被解释被消除的噪音，孩子们就可以理解很多东西。如果孩子们有着不错的身体条件，是健康健全的，那么他们就能够承受住父母关系中的某些张力。因为无论如何父母还在那里，他们是活着的，他们也会有感受，对于孩子们来说，这就是一件好事情。同时，如果孩子的父母皆在，并且关系还算融洽，那么孩子的健康成长便更容易达成。对于孩子来说，借助家庭居住的稳定性和生动活泼的街道生活景象，父母的人际世界成为了孩子的象征物，代表了父母在这个世界上的存在。相反的话，这些就远非那么真实了，离开父母彼此之间的关系，很难再找到住房和街道对孩子的意义。

去理想化

我必须小心谨慎。当描述小婴儿的需求时，很容易就被理解为这些小孩子需要父母做一个无私的天使，并且期待这是一个理想的世界：夏季随父亲去花园割草，母亲在准备着星期天的晚餐，而小狗正在朝着花园篱笆外面的另一只外来的小狗吠叫。对于幼儿来说，即使是小婴儿，他们也不会机械地完美发展。他们需要有着既会成功也会失败的真实的人存在于身边。

我喜欢使用“足够好”这个词汇。足够好的父母是能够为婴儿和小幼儿所用的。足够好意味着真实的你和我。为了保持持续一致，不让孩子们时常感到意外，我们必须要做真实的自己。如果成为自己本身，孩子就可以认识和了解我们。如果整天装腔作势，戴着面具生活，卸下面具时我们会被孩子逮个正着！

教导的危险性

我想要找出一种教学方法，而不是去教导孩子，教导的价值是有限的。对那些开始查阅书本来学习如何教导孩子的父母，一件非常重要的事就是让他们知道，其实他们不需要从书本中学习任何教导孩子的道理和方法。无论你理不理解那些道理，对于发展中的婴儿或儿童来说，绝大多数事情都是会自然发生的。这是因为孩子具备朝向发展的遗传倾向，不必刻意的去让孩子感到饥饿、生气、幸福、悲伤、感性、乖巧或顽皮，而这些事情会自然发生。你早已经尽到了你的那部分责任，在你选择伴侣时，在受精卵成型时，孩子遗传倾向各个细节的基础就奠定了。在那个决定性的时刻，关于遗传的那本书就被合上了。所有的事情按照孩子的身体、心智、人格和性格本来面目的要求，开始自动地发展运作。这都属于生理学和解剖学的范畴。个体自我实现的方式非常复杂，如果你感兴趣的话，可以用一辈子的时间去研究与人类发展有关的事情。然而，这样的工作将不会帮助你养育自己的孩子，你的孩子需要的是真实的你。

养育要素

那么什么是父母要知道的、有助于养育孩子的呢？我建议，有两件关键的事情需要你了解：其一与孩子的成长过程有关，这是完全属于孩子、由孩子说了算的；二与环境供养有关，这就完全是你的责任了。

成长过程

一旦指出这一成长过程，事情就会变得相当明显。孩子有一种存活和呼吸的倾向，吃和喝的倾向，以及生长发育的倾向。如果你能从孩子生命的一开始就清楚地明白这些倾向，你一定是非常明智的。

这会帮助你了解到：其实你不需要做什么事情，来使你的孩子长成儿童、使他成长、使他变好或变得干净、使他慷慨大方、使他结识正确的朋友，做正确的事。

如果后退一步观察，你很快就能看到孩子正在自行运作他的发展过程，你也会因此感到一丝轻松和安心。你已经启动了某些内置动力来推动事情的发展。你需要做的是为此寻找刹车系统。

我的每句话都应该随着以下事实而修正，即世界上从来就没有两个一模一样的孩子。所以，你有可能会发现自己为一个孩子死气沉沉的状态烦恼，同时也为另一个孩子的活力无穷烦恼。但是，总体而言，我们要遵循的主要原则是：你正在留心的这些变化，恰恰是孩子的发展过程所带来的。

环境

第二个有用的原则与你既作为环境本身，又作为环境的提供者这一特殊地位有关。没有人能证明，婴儿出生之后需要被温和地对待、温暖地拥抱。但你自己清楚确实如此。如果有人对此有所怀疑，那么他自己负有举证责任。

毕竟，你自己就曾经是一个婴儿，除了在观察和亲自照护婴儿的过程中学到的东西之外，你还有自己发展的记忆提供指引。

你所提供的环境首先主要是你自己、你这个人，你的自然特性，以及有助于你知道自身是谁的显著特征。当然，这包括你周围的一切，你的芬芳气味，你营造的氛围，以及将要成为婴儿父亲的那个男人，可能还包括你生养的其他孩子，还有祖父母，姨妈和姑姑，叔叔和舅舅。换句话说，我刚刚只列举了家庭成员，随着婴儿的成长，他会逐渐发现周围的这一切，包括使你的家庭不同于其他任何家庭的房屋住宅特征等。

相互作用

因此，这是两件不同的事情。一件是婴儿天生的各种倾向，另一件是你提供的这个家。生命（活）存在于这两件事情的相互作用之中。首先，这种相互作用发生在你的身边，之后它会持续扩展到最接近你的外在周围环境——在学校，或者在朋友间，或者在远处的一次假日野营。当然这也发生在心智内部，发生在你儿子或女儿个人的生命之中。

如果你愿意的话，你可以花些时间对比一下孩子的行为与你设立的标准，这些标准都基于你自己的家庭模式，或者某些你尊敬的人曾经是如何对待你的。不过，通过对比孩子个人朝向独立的努力，以及因为信任你及家庭设置而可能产生的依赖行为，你会获得更为丰富和有益的体验。

两种压力

我以这种方式概述孩子的发展，目的是想简化接下来有关压力的部分。可以说，压力来自于上文所述的二者之一。尽管在实践中，我们总是期待发现混合后的压力。

内部过程

来自于第一个方面的压力与这样的事实有关，即人类的发展过程是极其复杂的，并且这个过程的内部可能会出错，这部分是精神分析所涉及的。无论是父母，还是照顾孩子的其他人，都没有必要知道个体人格和性格的建立之中固有的各种压力和重负是些什么；没必要知道，在婴儿及幼儿与家庭和环境建立关系的能力的逐渐发展之中，那些固有的各种压力和重负是什么；也没有必要知道，在孩子们不需要过多地丧失个体冲动和创造性就能成为社会的一部分的能力的逐渐发展中，那些固有的各种压力和重负是什么。

父母以及与孩子有关的其他人，可能会对这些极为感兴趣。但是，重要的是能够在想象中去思考，而不是试图在实践中去搞清楚这都是些什么。孩子爬到桌子下面玩游戏，然后突然站了起来，把脑袋碰疼了。他急匆匆地跑到了你面前，准备扑到你怀里好好地大哭一场。你做出了恰当的行为反应，用手抚摸孩子的头部，也许你还亲吻了孩子，以此安抚和宽慰受伤的孩子。几分钟过后，一切都恢复了平静，孩子又钻到桌子底下，继续玩游戏。假如让你写一篇论文来论述这件事件的各方面，你会有什么样的收获呢？

1. 孩子是以这样的方式在游戏中进行学习的。他们习得了在站起来或跳跃之前，一定要看看四周……
2. 虽然不是桌子撞到了孩子的头部，但是，对这个年龄阶段的孩子来说，他们首先认为的是桌子撞到了他，而且某个孩子有可能会比另一个孩子更加坚定相信这种创伤的“迫害”性理论。这种现象与其很难接受自身内在的攻击性有关，而且也许还与其迷失的狂怒有关，因为他在婴儿期或幼儿期所体验的那种狂怒太可怕了，在那个时候，当巨大的情绪被唤醒时，婴儿或幼儿还无法确信自己可以处于整合状态……
3. 这正是对孩子解释的好时机：“你看，如果你像刚才那样不管不顾，不先想一想就走来走去，或突然站立起来，你就会伤到你自己，而且有一天……”

不，我认为，当用一个治愈性的亲吻就能让整个事情结束时，这会是更好的处理方式。这么说的原因仅仅是：如果你是那个小孩，当被一张又臭又硬饱含祸心的桌子撞到头时，你其实是知道那种滋味和感受是什么样的。这就叫作感同身受地共情孩子，而如果你无法获得这种共情性的感受，那么无论如何你都不可能达到这个地步的认识。

但是，当然，你有可能是一个孤单寂寞不爱说话的人，而这种撞头事件可以说是一个天赐良机，为你提供了与其他人建立联系和交流的机会。于是你得以亲吻和拥抱孩子，把孩子抱起来，让他躺在你怀里，你还要表达出你的柔情和感伤。你还可能会先喊医生来确定孩子的脑袋有没有受到伤害！

在这种情形下，孩子激发出了你内心当中的一些东西，这些东西与你自己的一些问题有关。而对于孩子来说，这一结果是令人困惑和迷乱的，已经超越了孩子当下的理解能力。看到这种情形，我们就偏离了孩子生存发展的内在固有过程。幸运的是，基本上这些孩子每天都可以自由地获取新体验，而父母只需要保证这些新体验都处于孩子持续增长的能力范围之内。

如果你种了一株百合，那么有很多事情是发生在百合内部的，而你可能已经完全忽视了这株植物的生物性；你还可能因为这株百合长着干净的绿叶、叶子也没有褐色的边缘而闻名四邻。

再没有什么研究能比研究一个婴儿是如何长成幼儿、青少年、以至成年人更加吸引人了，但这个研究之所以很重要，其实和儿童需要他们父母无关。也许，对于老师和某些与父母相比更加远离孩子的人来说，父母们对孩子发展过程更有发言权。当然，对于那些需要照顾不正常的孩子、以及那些为在情绪发展方面和人格、性格方面出现障碍的孩子提供治疗的人来说，他们确实需要对这个主题进行更加深入地研究。

描述个体存在的、与生俱来的障碍确实很吸引人。举两个例子就够了。一个例子是普遍存在的、又爱又恨的矛盾情感这一问题，即在同一个时间地点里爱着并恨着同一个人或同一件事情。另一个例子是每个孩子都必然经历过的，即他们在表达感受程度时，内心的感受与本能驱动下出现在身体上的表现或多或少要达到一致，或者在家中时，会更多地感受到身体上性别的对立面的体验。

我们还能发现孩子所经受的许多其他的内心冲突，他们正在努力解决这些冲突。我们也知道许多孩子因为无法找到解决冲突的方法出现了问题。但父母不能把问题抛给心理治疗师就万事大吉了。

环境性供养

与孩子内在发展过程运作相对应的是环境性供养。也就是你（母亲），以及我，还有学校和社会。我们会对一些新的方式感兴趣，因为我们是负有责任的。

对于婴幼儿来说，环境性供养提供了一个让内部成长过程发生的机会，但同时也会阻止这个过程的发生。

问题的关键在于环境性供养的“可预测性”。父母，在一开始时特别是母亲，要付出许多努力和辛苦来保护婴儿免于不可预测的环境地侵扰。

最终，我们会看到，每个孩子以或快或慢的步伐，逐渐能够根据事实做出推理和判断，并且战胜环境的不可预测性。就孩子战胜环境不可预测性的能力来说，这是一个非常令人吃惊的发展变化。但是，此时孩子还是需要母亲的。对一个成年人来说，当一架飞机以很低的高度飞过头顶时，也是会造成伤害的。对于孩子来说，这时最有用的是你把他紧紧地搂在怀里。孩子借助“妈妈是不害怕的，而这种伤害很快就会消失，我又可以玩游戏了”这一事实得到恢复。假如那时你不出现，那么你的孩子就会被伤害，且无法得到修复。

这是一个简单的例子，但我想表明的是，通过观察孩子被照护的方式，我们可以看到失败的环境性供养是会带来压力的，因此孩子的发展需要稳定而可靠的环境性供养。

这和一位母亲不得不把自己的孩子留在医院里面几天是一样的，这正如鲍尔比（Bowbly）曾经强调过的那样。而哈尔内斯（Jarnes）和乔伊斯·罗伯森（Joyce Robertson）也在他们拍的那个悲剧电影《两岁小孩去医院》（*A Two-Year-Old Goes to Hospital*）中描述过这种情况。就这个年龄阶段的孩子来说，他实际上已经知道妈妈是一个独立的个体了，但他必须拥有妈妈的全部，仅仅她的照顾和保护是不够的。婴儿在这个年龄阶段的压力来自于：母亲缺席的时间超过了孩子能够在内心中保持鲜活的“母亲”心理意象的时间，或者超过了孩子能够在梦和游戏的想象性世界（有时也被称为“内在精神现实”）中感受到母亲生动存在的时间。医生和护士都忙于他们的工作——对孩子躯体上的照顾，而且他们经常不知道或没有时间去考虑这一情况：婴儿与母亲的分离时间太长，孩子的人格发展会因为环境的干扰而被改变，这为孩子日后性格障碍的发生奠定了基础，而这一障碍几乎是无法修复的。

事情总是相同的：足够好的环境性供养应该是可靠的，可以预测的，也是符合孩子发展阶段预测能力的。而不可靠的、无法预测的环境，自然而然就会打断孩子发展过程的连续性。当发展被打断之后，孩子的现在和过去根源之间的发展线会出现了一个裂缝，那么发展就得重新开始。如果这种重新开始过多，会导致孩子没法感受到“我存在”。有过这种失败的孩子不能感受到，或不能清晰地感受到：这就是我；我是存在的；我可以爱和恨；别人看到的那个人就是我；当妈妈过来的时候，或者我照镜子的时候，我从妈妈的眼中或镜子中看见的那个人就是我。孩子人格发展的完整性被打断了，他的成长过程也扭曲了。

一大部分孩子，特别是那些天真无邪的、还未受过教育的孩子，在童年早期阶段的发展过程中，并没有体验过这种生命连续性被打断的灾难性的事件。这样的孩子已经具备了按照他们自己内置的发展倾向而发展的机会（至少在早期阶段）。

不幸的是，仍有一部分孩子，特别是那些在精于世故的文化中生长的孩子，个性的发展将终生存在着某种程度的扭曲，而这种扭曲是因环境的不可靠性和无法预测的侵入造成的。他们丧失掉了清晰的：我存在；我就是我；我存在于当下；我可以在存在的基础下参与到别人的生活中；做我自己时，我不会感觉面临着威胁。

对环境因素的研究

我想给这样的观点泼些冷水：父母应该学习和研究个体基于遗传倾向成长的内在发展过程。我不能断定学习和研究环境性供养是无用的。当然，如果母亲了解到一个小小的建议，即她们和婴儿，或者和幼儿的分离是至关重要的，她们就会处在争取权利的有利位置上。这常常意味着，在没有人情味的状态下的婴儿也应该被照顾和关怀！

在这个世界上，有太多这方面的东西需要我们学习，特别是那些只关心一般躯体健康和疾病的医生和护士。母亲和父亲必须要有自己奋斗的原因，因为没有人会为了父母而奋斗，没有人真正地在意父母所介意的事情。

我想说的最后一点是，即使环境性供养对于婴儿的需求是可靠的、适应性的，是不需要父母们去学习的，但是否生育（甚至是领养）孩子是可以改变父母的？父母们可以变得有能力定向去完成养育孩子的特殊任务。我想为这种定向能力起个名字，姑且称之为“原初母性贯注”吧。为什么会是这个名字？它是什么意思呢？

这种对婴儿需求的定向能力取决于许多事情，其中之一是父母随身携带着他们自己在婴儿期所经历过的、被可靠的环境照护的、免于不可靠环境侵入的、有机会获得高度个体化的个人成长经验的隐秘记忆。

因此，父母会以某种自然的方式为婴儿和小孩这种关键的或者说必要的需求做好准备，父母会很自然地在几个月内，暂时缩窄他们所关注世界的范围。这样一来。父母会处于婴儿世界的中心，而不是外围。

总结

因此，我们认为有两种方式的压力。一种方式把我们带向了对内在情绪成长过程中固有压力的研究。另一种方式具有更加实际的意义（除非我们是精神分析师），因为这种方式的压力起因于环境供养在相对或总体上的失败。我们可以这样来描述这些失败：不可靠的世界，损害的信任，无处不在的不可预测性，以及孩子被反复或彻底打断他生命线的连续性。

总的来说，那些会照顾孩子的人是被仔细地挑选出来的，而不是在课堂中被教育出来的。

婴儿非常擅长挑选自己的妈妈，至少在挑选原初母性贯注这种事情方面是很在行的。除此之外，我不知道我是否能很好地评估母亲，但是，母亲们只能利用她们自身母性的资本了。

写于 1969 年

每个章节的原始出处

1. “广播节目做心理健康教育的局限性”，来自于《母亲和孩子》（*Mother and Child*），1957 年，第 28 号。
2. “继父母们面临的挑战”。在 1955 年 1 月 3 日，一位继母在 BBC 的节目中进行了一次谈话，她以一种生动感人的方式讲述了自己无法去爱继子这一情况带给她的折磨。她的继子在 7 岁时进入了她的家庭。这个节目播出之后，BBC 收到了大量听众的来信，这些来信讲述了继父母们类似的或不同的体验，这一现象通常意味着这个主题值得追踪报道。因此，BBC 在接下来的 6 月 6 日、7 日和 9 日的《女人时间》（*Women's Hour*）节目中 3 次插播了这个主题。第一次插播节目是一位专家和一位继父之间的一系列问题和解答。后两次的插播节目是温尼科特关于这个主题的谈话，我们把这两次谈话内容重现在这里。这个章节是由这两次谈话的磁带录音转化而来，我们只为其加注了标点符号。
3. “从吸吮行为看宝宝的想象世界”，来自于 1956 年 1 月 31 日 BBC 广播电台节目谈话。
4. “说‘不’的三个阶段”，来自于 1960 年 1 月 25 日和 2 月 1 日、8 日的 3 个 BBC 节目谈话。
5. “嫉妒的出现和消失”，来自于 1960 年 2 月 15 日、22 日、29 日和 3

月 7 日的 4 个 BBC 广播节目谈话。

6. “为人父母也会烦”，来自于 1960 年 4 月 14 日、21 日和 28 日的 3 个 BBC 广播节目谈话。
7. “关于安全——父母的责任与界限”，来自于 1960 年 4 月 18 日的 BBC 广播节目谈话。本文第一次发表于《家庭与个体发展》（*The Family and Individual Development*）这本书中。伦敦：塔斯托维克出版社，1965 年。
8. “妈妈的罪疚感”，与克莱尔·雷纳的谈话。1961 年 3 月 13 日 BBC 广播电台节目谈话。
9. “婴儿道德的发展”，来自于 1962 年 6 月 11 日 BBC 广播电台节目谈话。
10. “5 岁，从家庭走向学习”，来自于 1962 年 6 月 25 日 BBC 广播电台节目谈话。本文首次发表于《家庭与个体发展》这本书中。伦敦：塔斯托维克出版社，1965 年。
11. “信任的建立”，写于 1969 年，从未发表。

参考书目——温尼科特的著作

Clinical Notes on Disorders of Childhood. 1931. London: William Heinemann Ltd.

The Child and the Family: First Relationships. 1957. London: Tavistock Publications Ltd.

The Child and the Outside World: Studies in Developing Relationships. 1957. London: Tavistock Publications Ltd.

Collected Papers: Through Paediatrics to Psychoanalysis. 1958. London: Tavistock Publications. New York: Basic Books, Inc., Publishers.

The Child, the Family and the Outside World. 1964. London: Penguin Books. Reading, Massachusetts: Addison-Wesley Publishing Co., Inc.

The Maturational Processes and the Facilitating Environment. 1965. London: Hogarth Press and the Institute of Psychoanalysis. New York: International Universities Press.

The Family and Individual Development. 1965. London: Tavistock Publications Ltd.

Playing and Reality. 1971. London: Tavistock Publications Ltd. New York: Basic Books.

Therapeutic Consultations in Child Psychiatry. 1971. London:Hogarth Press and the Institute of Psychoanalysis. New York: Basic Books, Inc., Publishers.

The Piggle: An Account of the Psycho-Analytical Treatment of a Little Girl. 1978. London: Hogarth Press and the Institute of Psychoanalysis. New York: International Universities Press.

Deprivation and Delinquency. 1984. London: Tavistock Publications.

Holding and Interpretation: Fragment of an Analysis. 1986. London: Hogarth Press and the Institute of Psychoanalysis.

Home Is Where We Start From. 1986. London: Penguin Books. New York: W. W. Norton & Company, Inc.

Babies and Their Mothers. 1987. Reading, Massachusetts: Addison- Wesley Publishing Co., Inc.

The Spontaneous Gesture: Selected Letters of D. W. Winnicott. 1987.F. Robert Rodman, Ed. Cambridge, Massachusetts: Harvard University Press.

Human Nature. 1988. New York: Schocken Books.

Psychoanalytic Explorations. 1989. Cambridge, Massachusetts: Harvard University Press.

Talking to Parents. 1993. Reading, Massachusetts: Addison-Wesley Publishing Company.

重点词汇英汉对照表

Adopted children	收养儿童
Anger	愤怒
Anxiety	焦虑
Breast-feeding	母乳喂养
Coming from environmental provision	来源于环境供养
Coming from internal process	来源于内部过程
Defending against insecurity	对不安全感的防御
Development of child's sense of right and wrong	孩子是非之心的发展
Emotional	情绪性
Emotional development	情绪发展
Empathy	同（共）情
Enclosure	围城
Envy	嫉羡
Feeding	喂养
Feeling guilty	罪疚感
Finger-sucking	吸吮手指
Good enough parents	足够好的父母
Guilt	罪疚

Interaction	相互作用
Inner psychic reality	内在精神现实
Infant's distinguishing between me and not-me	婴儿在我与非我之间的区分
Irksome matters	令人厌烦的事情
Jealousy	嫉妒
Maternal function	母性功能
Myth of "wicked stepmother"	"恶毒继母"的神话
Nail-biting	咬指甲
Objects	客体
Overprotectiveness	过度保护
Persecution theory of trauma	创伤的迫害理论
Predictability/unpredictability	可预测性 / 不可预测性
Primary maternal preoccupation	原初母性贯注
Psycho-analysis	精神分析
Reality principle	现实原则
Reflex activities	反射活动
Reliability/unreliability	可靠性 / 不可靠性
Resentments	怨恨
Resilience	恢复能力
Self-confidence	自信
Self-control	自控
Stress	应激
Temper tantrums	发脾气
Thumb-sucking	吸吮拇指

关于作者

唐纳德·温尼科特

温尼科特医生从儿科开始他的医学职业生涯，并且自始至终对儿科学的心理学方面感兴趣，也越来越多地涉足了儿童心理学的研究。他为对人类发展的理解做出的贡献，都基于与母亲、婴儿和幼儿的大量临床工作，这些工作具有国际知名度，有很高价值。

温尼科特医生在英国剑桥大学耶稣医学院开始医学学习。第二次世界大战期间他参加了战地服务团，战争结束之后，他在伦敦的圣巴塞洛缪医院（St. Bartholomew）医院继续医学学习。除了在圣巴塞洛缪医院当住院医生的那几年之外，他签约的几乎都是儿童医院。温尼科特医生在儿童精神科和精神分析方面的实践和教学大约有40多年，并曾经当选为英国精神分析学会主席。他向精神分析和医学杂志投了大量的稿件，为这个领域的许多团体做过大量有关儿童发展的讲座，面向对象包括教师、助产士、父母、社会工作者、地方法官和社区全科医生，以及精神分析师和精神科医师。他最有名的书籍包括：《通过儿科学到精神分析》（*Through Paediatrics to Psychoanalysis*），《妈妈的心灵课——孩子，家庭和大千世界》，《成熟过程与促进性环境》（*The Maturational Processes and the Facilitating Environment*），《游戏与现实》（*Playing and Reality*）。